山中　司
西澤幹雄 共著
山下美朋

理系
国際学会のためのビギナーズガイド

Project-based English Program in Action

裳華房

はじめに

この本は、英語での学会発表や論文投稿を目指す若手研究者に向けて、英語教員（山中と山下）と理系専門教員（西澤）がタッグを組み、話し合いながら執筆しました。読み手は主に大学院生を想定しましたが、学部生の皆さんや、指導に携わる先生方にも参考となる内容を可能な限り網羅したつもりです。

理系分野の研究のグローバル化は止まるところを知らず、英語での論文投稿、国際学会での発表は避けては通れません。英語が得意、不得意にかかわらず、英語で「やる」ことを否が応でも求められる時代になったと言い切ってもよいでしょう。もちろん、英語を自由自在に操るという観点から見れば、英語の母語話者が圧倒的に有利です。ネイティブ・スピーカーにマシンガントークでまくし立てられ、圧倒された経験を持つ方も少なくないと思います。

しかし、理系分野の国際学会での発表や、論文執筆に照準を絞った場合、非母語話者であっても決して不利ではありません。多くは対策や準備が可能ですし、英語の流暢さよりも研究内容こそが「ものを言う」（最大限に尊重される）ことは明白です。物怖じすることなく、積極的に挑戦して下さい。本書はそれを強力に支援します。そして経験を積めば確実に英語は上達します。そうした経験を繰り返す好循環に自分を持っていっていただきたいのです。

本書の随所に、読者の皆さんへの励ましや応援を感じていただけると思います。しかしそれは決してお世辞ではなく、皆さんの今の英語力で挑んで構わないことを分かって下さい。誰も初めから完璧にはできません。しかしそれでよいのです。

本書を手に、理系分野の英語に対する心構えを学んでいただき、学会発表や論文投稿のコツをつかんで下さい。気持ちの面からも、テクニックの面からも、きっと皆さんの英語に対するハードルを下げることに役立つと確信しています。

最後になりましたが、本書の執筆にあたっては次の方々に大変お世話になりました。国際学会の写真は、関西医科大学の中竹利知先生にご提供いただきました。本文中の英文は、イリノイ・カレッジの Lauren M. Leischner さん、立命館大学の延田リサ先生にチェックしていただきました。第 3 部の英文要旨の日本語訳（CHAPTER 16）は、立命館大学の村澤秀樹先生にお願いしました。ここに改めて感謝の意を表します。

令和元年 10 月

山中　司
西澤幹雄
山下美朋

この本の使い方

この本は３部構成です。はじめに第１部を読み、第２部、第３部へと進みましょう。

第１部

内容
国際学会の実際・プレゼン・ライティング

国際学会発表のポイントをまとめています。
まずは第１部で全体を概観しましょう。

第２部

内容
プレゼン・英語との付き合い方

英語でのプレゼンテーションについて第１部よりも詳しく解説します。
英語と上手く付き合うための考え方も説明します。

第３部

内容
ライティング

要旨（Abstract）の書き方を基礎から解説します。

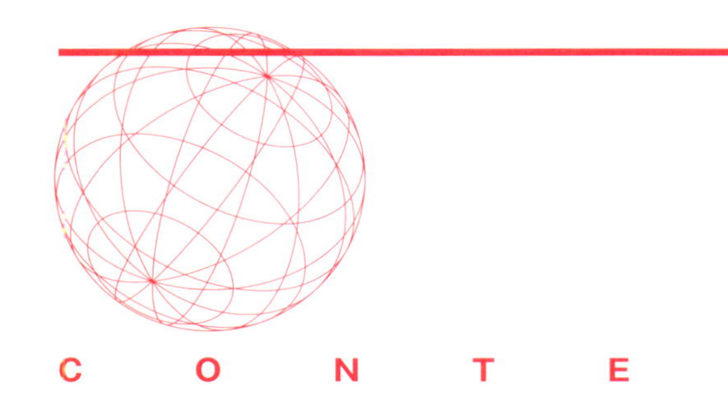
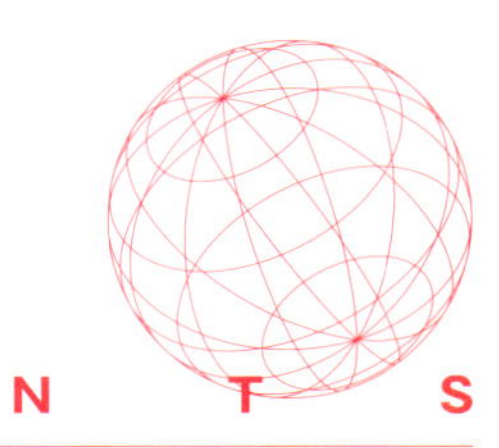

CONTENTS

CHAPTER 3 自分のカラを破ろう！

CHAPTER 4 学会発表の要旨を書こう！

CHAPTER 5 自分の研究について話そう！

CHAPTER 6 国際学会で発表して自信をつけよう！

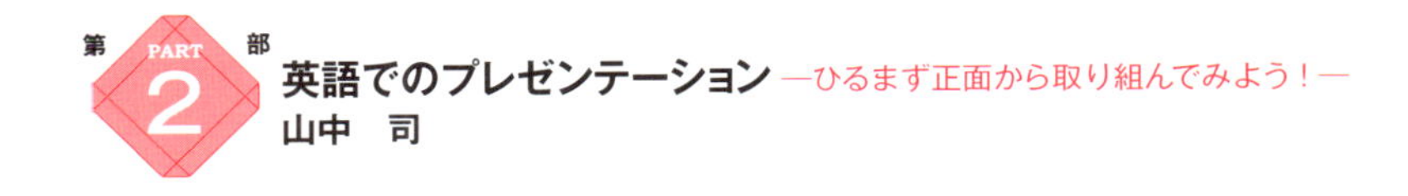

第2部 英語でのプレゼンテーション —ひるまず正面から取り組んでみよう！—
山中　司

CHAPTER 7 英語に対する考え方

CHAPTER 8 英語プレゼンテーション上達への近道

CHAPTER 9 英語でのプレゼンテーション能力を高めよう！

CHAPTER 10 エレベータートークでポイントを絞る訓練をしよう

CHAPTER 11 国際学会での発表を準備しよう

本文デザイン／designfolio 佐々木由美
イラスト／あーとすぺっく 榊原ますみ（MASMi）

第 部

国際学会にチャレンジしよう!

実際と準備のポイント

CHAPTER 1

国際学会ってどういうもの？

 学会はたくさんの専門家が集まるところ

国内にも海外にも、分野ごとにたくさんの学会組織があります。学会ではふつう年１回、学会に所属する研究者（会員、メンバーなどと呼ぶ）が集まって研究発表会をします。これを**総会**、**大会**（Conference、Congress)、あるいは**年会**（Annual meeting）などと呼びます。

これらの研究発表会での発表（学会発表）をするためには、学会に入会して、**発表要旨**（Abstract）を書いて学会本部に投稿します。学会本部では要旨の内容を見て、採否を決定します。このうち、自国以外からの参加者も受け入れるのが**国際学会**（International conference）です。

国際学会の共通言語は、世界中どこでも英語です。ヨーロッパでも日本でも、国内学会であっても英語を使うことが多くなってきました[†1]。実際、英語を**母語**としない研究者や学生が世界中から集まるので、**意思疎通のためには英語で要旨を書いて、英語で話すしかありません**。

最新の研究に関する知識は、学会参加と英語論文から得られます。日本語の記事は、最新の英語の記事や論文から引用したものが多いです。

[†1] 例えば、日本癌学会や日本分子生物学会。

だから英語は、自然科学の研究においてきわめて大切な情報収集ソースです。英語が好きなら、ぜひ学会発表にチャレンジしてみてください。

学会で発表したオリジナルな研究成果は、さらに内容を充実させてから**原著論文**[†2]として投稿することもできます。**PubMed**[†3]などのデータ

図 1.1　学会は研究者が集まる組織。英語で世界中の研究者とつながろう。

Check!

母語とは?

生まれてからはじめて身につけた言語のことで、Mother tongue といいます。日本人なら日本語です。

---

†2　新しい知見についてのオリジナルな論文のこと。

†3　アメリカ国立医学図書館の国立生物工学情報センター（NCBI）が運営している学術文献検索の無料サービス。

ベースには、世界中の論文の要旨が収載されています。英語の要旨があれば、自分の研究成果を世界中の人に知ってもらえます。英語は、研究成果を発信できるグローバル・スタンダード（世界標準）です。

2 学会は自己主張の世界

国際学会では、英語を母語としない研究者や学生が集まります。**ネイティブ・スピーカー**なみのアメリカ英語やイギリス英語はかえって少なく、なまりのある英語ばかりです。濁音と清音を区別しない中国語なまり、Hの発音が抜けるフランス語なまり、日本人からすると聞きとりにくいインドなまりなど、慣れるまでに時間がかかります。しかし、発音はおかまいなしにしゃべりまくる人ばかりです。

外国人との会話では、単語を並べるだけでも、だいたい意味は伝わります。つまり、文法がよく分からなくても会話が成立します。実際、英語を母語としない外国人と日本人で英文法の筆記試験をすると、文法の得意な日本人の成績がよい[†4]ことが多いです。文法はそれほど得意でなくても、また「ネイティブなみ」の英語がしゃべれなくても、みな堂々と発表しています。

3 研究の中身がとても大切

「研究内容がすばらしければ評価される」のが研究の世界です。発表内容がつまらない実験データであれば、発音がよくても聴衆は聞いてくれませんし、質問もしてくれません。ですから、学部生のうちに学会発表できるようなレベルまで研究を進めて準備し、大学院生になってから

[†4] ドイツ語でもフランス語の学習でも同じです。

発表するのがよくあるパターンです。

研究発表では、聴衆に研究内容の100％を理解してもらう必要はありません。だいたい60％を分かってもらえばよいのです。核心にせまる実験結果が理解されれば十分です。新聞の記事だって端から端まで読まなくても、見出しだけでも大筋は分かりますよね。会場の聴衆が期待しているのは、あなたの「英語」ではありません。あなたの「研究内容」を聞くために会場に来ています。

英語の発音が悪くても、説明がたどたどしくてもかまいません。LとRの発音が区別できなくてもよいです。自分の研究結果に自信を持って、「日本語なまり」で堂々と話しましょう。そして大事な実験データを示して、言いたいことをしっかり主張しましょう。

図1.2　大事な研究結果を伝えよう

4 ポスター発表と口頭発表がある

研究発表の方法としては、**ポスター発表**（示説、ポスター供覧ともいう）と**口頭発表**（口演、講演ともいう）の二つがあります。口頭発表は発表者数が少ないので高く評価されますが、選考があるのでハードルが高いです。**まずはポスター発表をねらってみましょう**。

表 1.1　ポスター発表と口頭発表

	ポスター発表 （Poster presentation）	口頭発表 （Oral presentation）
発表方法	ポスターの前に発表者が立って、内容を簡単に説明する。	スライドと液晶プロジェクタを使って説明する。
発表時間	1～2 時間	10～20 分間
特　徴	ポスターを見ながら説明するので、内容を詳しく話すことが可能。	スライドを見ながらなので、要点とストーリーが分かりやすい。
発表者数	多い（選考あり）	少ない（選考あり）

図 1.3
国際学会のポスター会場の様子

図 1.4
国際学会でポスター発表を行う大学院生

5 よい環境の中で学会は開かれる

学会の会場がよいと参加者は増えるので、学会主催者は人気のある都市を選びます。例えば、世界遺産や美術館・博物館がある都市です。ヨーロッパならプラハ、ウィーン、コペンハーゲン、バルセロナなど、見どころがたくさんです。私は、オーストリア、ドイツ、スイスの国境に位置するボーデン湖のほとりのブレゲンツで、湖上オペラの翌日から、同じ場所で開催された学会に参加したことがあります。

国際学会では**懇親会**（Reception）があり、いろいろな人と意見交換をすることができるので、参加することを勧めます。懇親会では有名な研究者と話すチャンスもあり、英語で話す絶好の機会にもなります。参加者の親睦を深めるため、会場周辺の観光や小旅行などの**エクスカーション**（Excursion）があることもあります。めったにない機会ですので、時間が許せば参加するのもよいでしょう。

図 1.5　湖上オペラのセット
このオペラセットは、ジェームズ・ボンドで知られる『007 シリーズ』映画の一作の舞台にもなりました。

図 1.6　国際学会の懇親会の様子

CHAPTER 2

英語で発表する機会をつくろう！

 国際学会って国内学会とどう違うの？

発表できる学会はたくさんあります。英語で話すのが**国際学会**ですが、**国内学会**とどう違うのでしょうか？

学会のレベルはいろいろですが、国際学会の参加登録費は概して高いです。国際学会が国内で開催される場合でも、参加登録費は国内学会より高額です。発表はせずに、学会に参加するだけでも参加登録費は必要です。ただし、参加者が学生の場合には割引（**学割**）があります。

また、学会に参加すると補助金が出るという大学もあります。大学によって異なりますが、大学院生では、交通費（飛行機のチケット代）と

表 2.1　国際学会と国内学会の違い

	国際学会	国内学会
参加者	全世界の研究者と学生	国内の研究者と学生
開催地	外国。日本で行われることもある。	日本
開催期間	2～4日間	1～4日間
参加登録費	数万円（学割あり）	無料～数千円（学割あり）
使用言語	英語（および現地の公用語）	日本語
発表形式	口頭発表、ポスター発表	口頭発表、ポスター発表

学会参加費の補助[†1]が出ます。

国際学会でも、学会発表にみあう内容であるかどうか、要旨の**査読**（Peer review）を受けるのがふつうです。つまり、**要旨を投稿したからといって、必ずしも採択されるわけではありません**。ですから、発表するにふさわしい内容かどうか、先生とよく相談しましょう。

2 発表する学会をさがそう！

国際学会にも、分野が異なるものがあります。まずは先輩に聞いてみましょう。また、研究を指導してくれる先生は研究発表には積極的ですので、ふさわしい学会候補を先生に教えてもらいましょう。自分で調べて「どの学会に出たい」と先生に提案するのも、もちろんOKです。日本で開催される国際学会はねらい目です。

国際学会の発表を考えるときは、学会のレベルを考えて、発表可能な研究内容であるか、先生と相談してみましょう。また国際学会の**参加登録費**[†2]は国内学会より高いので、参加登録費を負担できるかも先生と相談しましょう。さらに、会員登録（Membership）の費用が必要なこともあります。卒業研究では国内学会（地方会や全国大会）で、大学院に入ったら国際学会で発表することが多いです。

3 研究レベルを上げて学会発表をめざそう！

自分の研究内容で、何か新しいこと（**What's new**）はなんでしょう？ What's newとは、今まで知られていなかったことの発見や疑問の解決です。これは研究のセールスポイントになります。What's newが

---

†1　全額が補助になるとは限りません。

†2　早めに参加登録すると安くなります（Early bird price）。

ある研究には誰もが興味をもち、内容をもっと知りたいと思うので、What's new さえあれば学会発表はできます。

学会で研究発表するためには、しっかり実験して、研究の質を上げなければなりません。たくさん実験することも大切で、量も増えれば質も上がります。修士論文につながるような内容に高めていけば、学会発表できるレベルになります。

4 学会発表して研究業績をふやそう！

学会発表は、高い研究能力と問題解決能力の証明となるので、大学でも大学院でも評価の対象となります。国際学会での発表であればなおさらです。学会発表の経験は**卒業論文**や**修士論文**の作成に役立ち、優れた論文は論文優秀賞として表彰されることもあります。

国際学会での発表は研究業績のひとつですので、奨学金の返還免除の申請でも有利になることがあります。大学院生向けの奨学金では、**日本学生支援機構**（JASSO）の「特に優れた業績による返還免除制度」があり、学問分野での顕著な成果や発明・発見も評価されるということが書かれています。可能であれば、国際学会でどんどん発表しましょう。

Advice ひとことアドバイス

さらにデータを集めたら学術雑誌への投稿もねらえますよ。

CHAPTER 3

自分のカラを破ろう！

 英語発表がなぜ怖いの？

もし先生に「国際学会で英語発表をしてみないか？」と言われたら、みなさんは不安でいっぱいになることでしょう。なぜそれほど英語発表が怖いのでしょう。つきつめると、それは英語に対する**コンプレックス**があるからです。

英語発表の不安を７つあげてみました。

1) 発音がヘタだ。
2) 文法どおりに話せない。
3) 流暢（りゅうちょう）に話せず、つかえたり、言い間違えてしまう。
4) 自分の英語力は低いのでは？
5) 外国人に英語で質問されても、意味が分からないかも。
6) 質疑応答で質問されても、答えられないかも。
7) 自分の研究内容を理解してもらえるかどうか。

 英語発表のコンプレックスを克服しよう！

上の不安に対する意見です。よく考えたら、ちっとも怖くないですよ。

1) 学会の会場では、発音になまりのある英語を話す人はいくらでもいます。
2) 文法がいい加減なブロークン・イングリッシュはけっこう聞きます。
3) 最初から流暢に話せる人なんていません。アナウンサーでも言い間違えます。
4) あなたの日本語（**母語**）は外国人より上手いですよね。逆に、英語のネイティブ・スピーカーより、あなたの英語がヘタなのは当たり前です。
5) **質問に答えるためは、英語表現と科学的内容の両方の理解が必要**です。質問の英語表現が分からなければ聞きなおせばよいだけですので心配の必要はありません。ただし、質問の科学的内容が理解できないときはお手上げです。
6) 質問された科学的内容が理解できれば、何とか答えられます。
7) 日本語で発表をしたら、研究内容を理解してもらえていますよね。それなら、科学的な内容では問題がないはずです。

3 もっと自分の研究に自信を持とう！

英語に自信はなくても、自分の研究内容には自信があるはずです。発音や文法など気にせず、外国人と話してみたら意外と通じます。聞きとれなかったり意味が分からなかったら、質問者に聞きなおしましょう。

外国人は、自分で分からないことはなんでも、全く遠慮せずに質問します[†1]。日本人は、質問者に「分からない」と言われると、つい自分の説明が悪いと思ってしまいます。ところが、外国人が「分からない」と質問してきた場合、質問者の方の知識が足りないこともよくあります。

外国人は、研究内容に興味を持っているときしか質問しません。つまり、あなたが質問されたときは、質問者である外国人が興味を持っているということです。「分からない」と質問してきた場合、自分の研究内容のどの部分が分からないのか、聞きなおしましょう。

4 自分の研究を他人に知ってもらおう！

ふだんは自分の興味だけで研究をしていても、他人に自分の研究を知ってもらい、認めてもらうことは嬉しいことです。研究室内での研究報告会だけではなく、多くの専門家が集まる学会での発表は、もっと充実感があります。

まず、**自分の研究内容をグラフや表にして整理しましょう**。すべてのデータを見せるわけにはいかないので、ポスターではパネルに、口頭発表ではスライドにまとめます。発表では、パネル・スライドごとに分かりやすく説明します。

自分の研究内容を他人に伝えるために、英語はぜったい必要です。英語は「研究のためのツール」と割り切ってもかまいません。英文学とは違い、理系で使用される英単語や文法は、比較的限られています。研究に使う基本的な**専門用語**を覚えることは、ある程度の努力で何とかなります。その知識は、英語論文を読むときにも役立ちます。

[†1] 外国人は、「理解できないことは恥ずかしいことだ」とは思いません。

専門用語とは？

おなじ分野の研究者がみな理解できて、意味が1つである言葉。一般の辞書には載っていません。

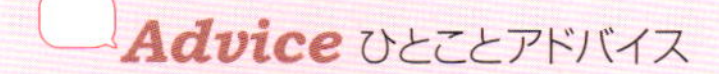

専門用語は，日本語と英語の両方をペアで覚えていくのがコツです。

CHAPTER 4

学会発表の要旨を書こう！

 先生にチェックしてもらう前段階まで作成しよう！

学会発表をすることを決めたら、まず英語で**要旨**[†1]（Abstract, Summary）を書きましょう。要旨には、国際学会のレベルに合った実験データが必要になります。投稿して採択されるためには、大切な実験内容を分かりやすく書いてあることが重要です。まず、学会ホームページにある要旨の**投稿規定**[†2]（Guides, Instruction）を読んでみましょう。

ある程度の日本語能力を持っていれば、基本的な英語能力はつけられます。それに、過去の**要旨集**はホームページなどで公開されているので、ゼロからの出発ではありません。要旨集にはたくさんの文例が載っています。不安かもしれませんが、科学的な思考力があれば英文要旨は何とか書けます。

無理はせず、日本語の要旨をもとにしましょう。科学的な推論[†3]にもとづいた日本語の要旨をもとにして、英文の要旨を書きます。そうすれば、あとは英語表現だけに集中して、英訳していくだけです。訳せない

[†1] 日本語では要約、抄録といいます。カタカナ表記でアブストラクトも使います。
[†2] 要旨のひな形（テンプレート）をダウンロードできることもあります。
[†3] 実験データをもとにして、自分のアイディア（仮説）から主張をすること。

ようであれば、**専門用語**についての科学的な理解が足りない可能性があります。その場合は、教科書や論文で専門用語の意味を確認しましょう。

2 チェックポイントはなに？

先生に要旨を添削してもらう前に、**まず実験結果が正しく書かれているか、確認してみましょう**。値の増減が逆になっていたり、大事な実験データを書きわすれていたら大変ですよ。英語に気をとられるあまり、見落とすことがよくあります。

次に、日本語の要旨でも英語の要旨でも、「読んで意味が分かる文章」であることが一番大切です。実際、要旨の草稿を読んでみても、何を言いたいのか分からないものが多くあります。要旨を書いた人がよく説明できていないことは、読者には理解できません。

図 4.1　先生に添削してもらう前に読み直そう

読んで意味が分かるためには、次の二つのポイントがとても重要です。多くの先生は、これらの点をしっかりチェックします。残りの点は大目に見てくれます。

わかりやすい要旨を書くための大切なポイント

(1) キーワードと専門用語が正しく入っていること。
(2) 推論の過程を示す動詞・接続詞が正しく使われていること。

キーワードとなる専門用語が抜けていると、ストーリーが分からなくなります。例えば、学会の同時通訳の打ち合わせのときには、同時通訳者は事前に発表者と専門用語の確認をしておきます。なぜなら、通訳者は科学分野の専門家ではないので、専門用語を把握していることが必須だからです。

推論の過程を示す**動詞**も大切です。先生に要旨を添削してもらう前に、必ず確認してみましょう。実験結果を示すときには show や demonstrate など、考察を示すときには suggest などの動詞を使います。「結果を示す」ときと、その結果から「考えた（考察した）ことを書く」ときには、これらの動詞は厳密に使い分けられます[†4]（Chapter16-3 参照）。

また、推論の過程を示す**接続詞**として、理由を説明するときには because（なぜなら）、結論を言うときには therefore（したがって）、対立したことをいうときには whereas（〜に対して、一方）などを使いま

[†4] 拙著『ぜったい成功する！はじめての学会発表』化学同人（2017）参照。

す。過去の要旨集に載っている文例を見ながら、これらの接続詞と動詞の使い方に少しずつ慣れていきましょう。

3 英文らしくしよう!

要旨の体裁は大切です。まず、学会ホームページに載っている**投稿規定**を読みましょう。使用するフォントの種類と大きさ、セクション(Introduction, Methods, Results, Discussion など)の分け方、最大のワード数などについて、詳しく書いてあります。規定に合わないと、要旨を投稿しても不採択になることがあります。

英語が母語でない人は、誰でも英語を書くのが苦手です。しかし、英語を母語としない外国人と比べて、日本人の英語の「書く力」は高く、文法もよく知っています。要旨で使う語彙(ごい)は専門用語をのぞくと多くなく、時制も現在形と過去形がほとんどです。だから、英語らしい要旨を書くのは、ひどく難しいことではありません。

4 英文校正機能を使おう!

投稿した要旨の単語につづり間違い(ミススペル)が多かったり、基本的な文法[†5]が間違っていたりすると、門前払いされて、不採択(rejection)になることがあります。これらは、MS ワードなどのソフトについている**英文校正機能**でチェックするだけで、かなり防げます。赤い波線が現れたら、その部分が正しいか確認しましょう。

科学的な英語表現や考察での科学的議論は、先生に直してもらわなければ難しいかもしれません。しかし、英単語のミススペルや基本的な文

[†5] 複数の s や、三人称単数現在(三単現)の s の付けわすれなど。

法の間違いについては自分で簡単に直せるはずです。先生に要旨の草稿を見せる前に、もう一度読み直して、誤字と体裁をチェックしましょう。

ここまできたら、要旨の草稿はほぼ完成です。**次ページのチェックリストで確認してから、先生に添削してもらいましょう**。先生は英語での科学的表現と科学的内容について詳しく見てくれることでしょう。原稿を先生とやりとりして、文章や表現を添削、推敲して改善していくブラッシュアップをします。何度も行き来する必要があるので、要旨が完成するまでに２～４週間かかります。

有料ですが、ネイティブ・スピーカーによる**英文校閲サービス**[†6]を利用するのもよいでしょう。このサービスを受ければ文法やつづりの間違いはなくなり、ネイティブ・スピーカーならしないような不自然な表現[†7]もなくなります。つまり英語を母語としないハンディキャップがなくなり、要旨の採択率が上がります。先生の添削を受けた後に利用するのがよいでしょう。

科学的評価の対象となるのは要旨です。科学的にも、英文としても完成度の低い要旨は採択されません。英語で「書く力」をつけていきましょう。

---

†6　シュプリンガー・ネイチャー社の Author Services など。

†7　例えば、冠詞や前置詞などの正確な使い分け。

先生に要旨の草稿を見てもらう前のチェックリスト

- ☐ 要旨の提出締め切り日（deadline）は確認しましたか？
- ☐ ホームページの要旨投稿規定を読みましたか？
- ☐ 指定されたフォントの種類と大きさですか？
- ☐ 指定された構成（セクションの分け方）になっていますか？
- ☐ 要旨の最大ワード数を越えていませんか？
- ☐ 実験結果が正しく書かれていていますか？
- ☐ 大事な実験データを書きわすれていませんか？
- ☐ キーワードと専門用語が正しく入っていますか？
- ☐ 推論の過程を示す動詞と接続詞が正しく使われていますか？
- ☐ 英単語のミススペル（つづり間違い）はありませんか？
- ☐ 簡単な文法のミス（複数の s、三単現の s の付けわすれなど）はありませんか？
- ☐ できあがった要旨の原稿を読んでみて、意味が通じますか？

CHAPTER 5

自分の研究について話そう!

 まずポスター発表をしよう!

国際学会での発表（ポスター発表と口頭発表）では、要旨の作成と実際の発表の二つの場面で英語が必要になります。投稿する要旨だけでなく、発表原稿の作成でも英語を**書く力**が必要となります。

多くの学生は、ポスター発表で学会デビューをします。ポスター発表は、英語の面からも研究面からも教育的で、自分を成長させる絶好のチャンスです。

ポスターの前に立って説明する[†1]時間は、長くても2時間くらいです。誰かが来たら、ポスター前で研究内容についての簡単な説明をしなければなりませんし、**ショートトーク**（Short talk）をすることがあります。これはポスター前に座長（Chairperson）が来て、聴衆に短時間（1〜3分間）で研究内容を説明するものです。

まず、**英文要旨の文章をもとに、ポスター内容をまとめた原稿を作りましょう**。原稿には実験の目的、おもな方法、大切な実験結果、考察、結論を書いて、1〜3分間で話せる長さにまとめます。原稿は暗記して、

†1　ポスターを貼って見せることを供覧（Display）とも言います。

間違いなく話せるようにしましょう。ポスターの前で言いよどんでいたらダメです。研究室でメンバーがいる前で、本番どおりの**予行演習**をしてみましょう。

ポスター発表はヒアリングの練習にはもってこいの機会です。ポスター前で何もしないで、つっ立っているのはNGです。ポスター前での**呼び込み**はぜったい必要です。発表者（あなた）に説明する気がなければ、聴衆はそのまま通り過ぎてしまいます。「説明しましょうか？(May I explain my work?)」などと積極的に声をかけましょう。そして、短時間で自分の研究内容を説明しましょう。

> ***Advice*** ひとことアドバイス
> 説明が3分より長くなってしまうと、聴衆は別のポスターに行ってしまいます。要点を絞りましょう。

2 口頭発表をしよう！

口頭発表は選考があり発表者数が少ないので、ポスター発表より上位に評価されます。ただし、スライドを使って短い時間[†2]で分かりやすく発表しなければならないので、しっかり用意することが必須です。そのため、ポスター発表より難易度は高い発表です。しかし、口頭発表では関係代名詞もほとんど使わず、現在形と過去形がほとんどで、複雑な文法は不要です。

口頭発表用の原稿も、英文要旨の文章をもとにして書きましょう。スライドごとの説明が基本です。自然科学では文が長くなりがちですが、

[†2] 質疑応答の時間を含めて、10〜20分間のことが多い。

なるべく短い文で分かりやすい説明をしましょう。各スライドで一番言いたいこと（結論）が分からなければ、聴衆は理解できません。各スライドの結論を、短くひとこと（1～2文）で言える[†3]ようにしておきましょう。

研究内容を話そう！

実際の発表では**話す力**が90％、聞く力が10％です。学会発表では、とにかく自分の研究について話しましょう。ポスターにすべて書いてあるから説明は要らない、ということにはなりません。言葉で説明しないと、聴衆には伝わりません。発表は自己主張の世界です。自分の研究のセールスポイントを示して、宣伝しましょう。

ポスター発表でも口頭発表でも、**しっかり原稿を覚えて話せるようにしましょう**。研究室で本番どおりの予行演習をするのはもちろんのこと、英文の原稿やメモを見なくてもよいように、家でも何回も練習することが大切です。原稿を見てばかりだと、聴衆は聞いてくれません。

文法も発音も気にしないでおこう！

あなたはネイティブ・スピーカーではないのですから、間違いを気にする必要はありません。ネイティブ・スピーカーでも、言い間違い[†4]をすることもあります。**間違えたら言いなおせばよいのです**。文法や発音の間違いがあっても、聴衆は文脈から意味を想像してくれます。口頭発表なら、最初のうちは原稿を見て読みながらでもかまわないでしょう。それでも、ときどき聴衆を見るようにしましょう。

[†3] 一番言いたい言葉（キーワード）を入れます。
[†4] アナウンサーでも、文法的に全く間違いのない日本語を話すのはたいへんです。

研究内容とあまり関係がないので、複数のsや三単現のsなどの言い間違いは気にする必要はありません。実際、発表で冠詞のaとtheを間違えたところで、大勢に影響はありません。ただし、文字として後までずっと残る英文要旨では、これらの間違いはないようにしておきましょう（Chapter8-3参照）。

LとRの発音の区別も文脈で分かるので、どうでもよい話です。Lice（シラミ）とRice（コメ）はよく例に出てきますが、コメにはシラミは付かないので、研究の話では両方とも出てくることはありません。発音に気をとられて、発表内容がたどたどしくなる方が損です。よい実験結果を示せば、聴衆は耳を傾けてくれます。話している際の発音の間違いは気にしないでおきましょう。

5 スライドとポスターにキーワードを埋めこもう！

専門用語は、研究発表のキーワードになります。聴衆がキーワードを理解していれば、研究内容も理解しやすくなります。専門用語について、あなたの科学的な理解が足りないときは、教科書や論文で勉強しましょう。質疑応答にもかかわるので、科学的な意味と概念はきっちり理解しておきましょう。

発表中に頭の中が真っ白になってしまったら、どうしたらよいでしょう？ もしキーワードを忘れてしまったら、どうしましょう？ そんなときのために、スライド・ポスターに言うべき言葉やキーワードを書いておきましょう。もし忘れたら、スライド・ポスターを見ればよいのです。

あなたの英語での説明が不十分でも、分かりやすいスライド・ポスターは言葉で説明しにくい部分を補って、聴衆の理解を助けてくれます。図表とキーワードを見ればすぐ理解できるようなスライド・ポスターをつくりましょう。

図 5.1　ポスターを見直す先生と学生

図表にはグラフ、写真、表などがありますが、聴衆がポイントを一目で分かるように、研究内容を分かりやすくまとめましょう。多くの因子がかかわる場合、数式や**模式図**（Scheme）を使うことも多く、模式図は視覚的な理解を助けてくれます。実際にスライドやポスターをつくるときは、そのようなマニュアル書[†5]を読んで参考にしましょう。

6 最初から、相手の質問を理解して答えられる人はいない

相手の質問を理解するとは、どういうことなのでしょうか？ **質問を理解するためにも、質問に答えるためにも、英語表現と科学的内容の両方**

[†5] 例えば、拙著『ぜったい成功する！はじめての学会発表』化学同人（2017）。

の理解が必要です。質問の英語そのものが聞きとれないときは、聞きなおせばよいだけです。相手の言っていることのだいたい60%が分かれば大成功です。ほぼ質問に答えられます。

なまりの強い英語や、くせのある発音は、何回か聞いていると慣れてきます。少しずつ単語やキーワードが聞き取れるようになるので、あせらないようにします[†6]。相手の言っていることが全然分からないときは、シンプルに聞きなおしましょう。早口で聞きとれないときは、「もう一度、ゆっくり言ってください (Please speak slowly!)」などと言いましょう。

英語の意味が分かっても、質問に答えるためには科学的内容の理解も必要です。質問の科学的レベルや質問のポイントなど、科学的内容が理解できないとお手上げです。ウソと思うかもしれませんが、**英語のネイティブ・スピーカーも研究発表では緊張します**。研究内容の説明というハードルはあなたと全く同じだからです。

だから、国際学会の質疑応答を、最初から完璧にできる人は誰もいません。「聞く力」は実践することでしか身につかないので、学会発表での質疑応答を何回か繰り返すことが大切です。少しずつ、専門用語などのキーワードを聞きとれるようにしていきましょう。

Advice ひとことアドバイス

英語ニュースを聞いて要約するのは、ヒアリングのよい練習になります。キーワードの聞き取りにも役立ちます。

[†6] ポスターを貼っている間はずっと、あなたと質問者の間で何度でも聞きなおせます。

質問に答えるために

実際のポスター発表や口頭発表では、質問に答えるためにどのような点に注意したらよいのでしょうか？　それには、次の３つのポイントが大切です。

正しく答えるための３つのポイント

(1) 質問の科学的レベルのみきわめ：簡単なことなのか、高度なことなのか？

(2) 質問のポイントの把握と整理：質問の核心は何かをつかんで、１文の質問として要約する。長々とした質問なら、短く言いなおしてもらおう。

(3) 質問に対する自分の答え（実験事実、先行研究など）を持っているかどうか？

学会での質問は、専門的で高度なレベルなことばかりではありません。初歩的な質問や的外れな質問をされることもよくあります。もし質問が理解できなかったら、質問内容を確認するために、「You mean…（あなたが言いたいことは…）」とか、「I cannot figure out your point. Please explain!（意味が分からないので、もう一度、説明してください）」などと言いましょう。

質問される場合は、質問者があなたの研究に興味を持っているときです。あなたの研究内容を知りたいので、何としてもあなたの答えが欲しいのです。だから、発表者（あなた）に質問を分かってもらおうとします。質問の意味が分からなかったら、恥ずかしがらずに聞きなおしましょう。

科学的な内容について答えるためには、**学会発表までに予測回答**をつくっておきましょう。どのような質問が出るか予想できますから、それに対する答えを用意します。質問[†7]に対して、自分の実験事実や先行研究などのから自分の答えを書いておきます。分からないときは「分からない（We don't know...）」「まだ調べていない（We didn't examine...）」などと答えます。英文で原稿を書いて、暗記しておきましょう。はじめのうちは、会場にメモを持っていってもかまいません。

[†7] 研究室の予行演習で、みんなに質問を出してもらうのも良い手です。

CHAPTER 6

国際学会で発表して自信をつけよう！

国際学会での発表は「プロジェクト発信型英語」の実践そのもの

英語でもその他の外国語でも、「話したいこと」がないと話せません。話せないのはプレゼンテーション能力やコミュニケーション能力が低いからではなく、話す動機（モチベーション）がないのが大きな原因です。

プロジェクト発信型英語プログラムでは、学生が自分の好きなテーマについて調べて考えを探求するプロジェクトを行います（p.104 コラム参照）。好きなテーマが「話したいこと」で、それがモチベーションになります。国際学会での発表では、自分の研究結果を話すことがモチベーションとなります。研究結果を英語で説明する学会発表は、究極の「プロジェクト発信型英語プログラム」です。

英語で一度発表をすると、英語に対するコンプレックスはほとんど消え去ります。英語発表は**就職活動**のときの自信にもなります。圧迫面接[†1]でも、どんな面接でも大丈夫です。国際学会での発表経験は、必ず将来役に立ちます。

---

†1　わざと意地悪な質問をして、その対応を評価する面接。

発表で大事なのは「話す力」

国内学会でも国際学会でも、発表で大切なのは**話す力**です。先にも書いたように、ポスター発表や口頭発表では話す力が90％で、質疑応答のときの「聞く力」はせいぜい10％です。自己主張をする恥ずかしさを克服すれば、あとは度胸だけです。英語発表をしないかぎり、言いたいことを英語で言えるようにはなりません。

キョロキョロ聴衆を見たり、小さな声で話す人がいます。自信のないようすは「研究内容に不安があるからだ」と聴衆に思われてしまいます。国際学会では英語力の評価はせず、研究内容の評価をします。だから、ネイティブ・スピーカーでないことを気にする研究者はいません。大きな声で堂々と発表しましょう。

はじめは自信がなくてもかまいません。研究内容を一番理解しているのはあなた自身です。自分の研究について、一番言いたいことをしっかり話しましょう。複数のsを付け忘れてもバカにされることはありません。「日本語なまり」の英語でかまわないので、国際学会デビューをして、英語発表の第一歩を踏み出してみましょう。

コラム　学会発表以外で使う英語

国際学会で行く海外の都市では、たいてい英語が通じます。そこで使う必要最低限の英語は、例えば『地球の歩き方』（ダイヤモンド社）などの旅行ガイドブックに載っています。ここでは、空港、国際学会の会場、ホテルで使う最低限の英語について例をあげます。

空港で

入国審査のときに、審査官からいろいろ聞かれることがあります。文で答える必要はなく、キーワードとなる単語を言えれば十分です。

Q：Which country do you come from?　どの国から来ましたか？
A：Japan.（日本からです）

Q：What is the purpose of your stay?　入国目的は？
A：Academic conference.（学術会議です）

Q：Where will you stay?　どこに滞在しますか？
A：Madrid.（マドリードです）

何か飲んだり食べたいときは、売店でボトルを取るか指さして、お金を払えばOKです。最後に、「Thank you!」と言いましょう。無言はダメです。

学会会場の受付で

国際学会では、参加登録の確認が必要となります。受付で、まず「Hello!」などと挨拶をしましょう。参加登録の確認メールと学会参加費の領収書のコピー[†1]は、かならず用意しておきましょう。ネームプレートをもらって、会場に向かいます。

ホテルで

チェックインでは、ホテル予約の確認メール（英文）のコピーを忘れないようにしましょう。多くのホテルでは無料で、自分のパソコンをWi-Fi（ワイファイ）などの無線LAN[†2]に接続できるので、インターネットからいろいろな英語の現地情報を得ることができます。

[†1] 大学から補助金を受ける場合にも必要です。

[†2] 電波でデータの送受信を行う構内通信網 Local Area Network のこと。

第　部

英語での プレゼンテーション

ひるまず正面から取り組んでみよう！

CHAPTER 7

英語に対する考え方

 全ての英語は（皆さんの話す英語も）、同様に美しい

私たち英語教員が学問的に依拠する分野の一つに、言語学（linguistics）というものがあります。そして、その中でも特に言語と社会の関係を研究する社会言語学（sociolinguistics）という領域があります。言語学なんて興味ないと思われるかもしれませんが、それでも一つだけ、言語学の考え方としてぜひお話ししておきたい点があります。声を大にして、覚えておいていただきたい、そして覚えておいて損はないと言いたい社会言語学のスタンスです。

それは、**全ての言語は、同様に正しく、複雑で、美しい**ということです。つまりAという言語はBという言語よりも劣っていたり、乱れていたり、間違っていたりすることは決してないということです。これは日本語や英語を単純に比較して言っているのではありません。異なった言語間でもそうですが、同じ言語内においてもこのことは言えます。もちろん、文法的に間違っているとか、標準的な使い方ではないとか、そういう言い方はできるかもしれません。しかしそれも、いわゆる規範的（prescriptive）な文法からしたら逸脱しているというだけであって、その物差しで見た場合のみの話です。言葉は変わりますし、変わっていいのです。絶対的な基準などどこにも存在しません。

この本を読まれている多くの方は、日本語の母語話者だと思います。もし皆さんに対して、私が「あなたのよりもBさんの方が正しい日本語を話しますね」と言ったらどう感じますか。ムッとしませんか。あなたの日本語もBさんの日本語も、どちらも当然日本語なわけで、どちらも日本語ネイティブとして何不自由なく話せることに違いはないわけです。もちろん細かなことを言えば、四字熟語の知識であったり、敬語の使い方などでは多少の差はあるかもしれませんが、通常のコミュニケーションにおいては全く「問題なく」日本語を使えているわけです。つまり、あなたの日本語もBさんの日本語も、どちらも立派な日本語であり、どちらがより美しい日本語を話すとか、正しい日本語であるとかは、比べること自体ナンセンスです。

また、海外の人が日本へ旅行に来られ、皆さんにカタコトの日本語で話しかけてきたとします。日本人として国外の人が日本語を使ってくれることはやはり嬉しいもので、「日本語お上手ですね」と伝える人も多

図 7.1　ネイティブ・スピーカー並みに話せなくても大丈夫。どれも立派な英語。

いのではないでしょうか。その時、多少のお世辞はあるにせよ、それでもその人が確固とした日本語を話していることを誰も否定しないと思います。

皆さんの英語も全く同じです。あなたが英語を話すとき、たとえそれがどんなに拙いものであっても、それは英語もどきでも、間違った英語でも何でもなく、すべて立派な英語です。日本語を考えてください。日本語の母語話者でも、文法は間違えますし、言い間違いもしますし、よく分からない話しかできない人もいます。**全ては「程度の問題」でしかありません。ですからあなたも堂々とあなたの英語を使ってください**。英語に自信がないからといって、仮免許中であると、頼まれてもいないのに自ら卑下する必要は全くありません。

英語を話すことは、魂まで売り渡すことではありません！

皆さんが英語で自己紹介をするとき、例えば「山田太郎」さんならば、英語でMy name is Taro Yamada. と言うでしょう。つまり、日本語の場合、「苗字」→「名前」の順序ですが、英語の場合はそれが逆転し、「名前」→「苗字」となり、特に疑うことなくそうする人がほとんどだと思います。しかしながら、これは必ずしも世界の常識ではありません。

例えば中国人や韓国人は、自分たちの母語では日本人と同じように「苗字」→「名前」の順で言います。そして英語を話すときも、同じく「苗字」→「名前」の順序を変えません。これは素晴らしいことです。個人よりもまずは家族を大切にし、それが名前の順序にも反映されている誇るべき私たちのアジアの文化です。しかしどうでしょう、私たち日本人は、何の躊躇（ちゅうちょ）もなく、英語を話す際に大切な苗字を後回しにします。

忘れてはいけない大切なことは、**英語を話すとは、私たちが英語の母**

語話者や、ましてや欧米人になってしまうことではないのです。言葉は英語でも、日本人としての魂まで売り渡してしまうことではないのです。私たちはあくまでコミュニケーションの手段として英語を用いているだけであり、**日本人であること、日本の文化や科学技術を背負い、それらを代表していることを否定することでは決してないのです。**

3 コミュニケーションに正解はない。自分のスタイルを確立しよう！

国際学会に参加すると、発表と発表の合間にお菓子をつまみながらコーヒーなどを飲む**コーヒーブレイク**の時間があります。経験が少なければ少ないほど、多くの日本人はそこで戸惑うことになるでしょう。というのも、コーヒーブレイクとは名ばかりで、実はそうした時間は、大変重要なネットワーキングの場であり、コーヒー片手に様々な人同士が積極的に話し、コネクションを広げることが期待されているからです。ところが日本人は、なかなかそういった場で活躍できません。発表ならばまだしも、このような完全なフリーの会話が繰り広げられている場ではおどおどしてしまうのです。

国際学会に参加したことのある大学生や大学院生から、「どうやったらあの輪の中に入っていけるのか、まだ自分はあの人たちみたいになり切れなくて困っています。」と相談を受けることがあります。こうした際、私は必ずこう答えるようにしています。

まず、誤解してはいけないのは、おどおどして会話の中に入っていけない日本人が何か劣っていたり、ダメであって、矢継ぎ早にマシンガントークをし、大声で笑って楽しそうに話す諸外国の人が優れているという見方は間違っています。特に欧米人にその傾向は顕著ですが、彼らは**沈黙**（silence）を極端に嫌います。**沈黙状態が続くことが耐えられないた**

め、とにかく何か話すわけです。話す内容というよりも、話しているという事実が大切なのです。そして、会話はオーバーラップ（他人の会話の最中に畳み掛けて話すこと）しながら、つまり割り込み合うのが普通です。日本人であれば「話は最後まで聞きなさい」と必ず教わるでしょう。しかし最後まで聞いていたら、その後必ず沈黙が生じるため、終わる前に割って入るのです。

コーヒーブレイク中にはあたかも親友同士のように楽しそうに話していても、それが終われば二度と話さない赤の他人同士になる、そんな光景は国際学会では日常茶飯事です。つまりコーヒーブレイク中の過ごし方も、コミュニケーションの方法も、話の聞き方も、沈黙の捉え方も、

相手の話をまとめる

画像を見せながら説明する

大げさに褒める

図 7.2　コミュニケーションのパターン例

何か絶対的なお手本やルールがあるわけではなく、極めて自由なわけです。だからこそ重要なことは、皆さんが、**皆さんにしかできない独特のコミュニケーションのパターンを確立させることです**。マシンガントークが常にいいわけではありません。オーバーラップがいいわけでもありません。しかしだからといって、ずっと黙って、声をかけられるまでひたすら隅の方で待っていることもよいわけではないことは明らかだと思います。そうであるならば、皆さんだったらどんなコミュニケーションの方法を編み出しますか？　話を最後まで聞くことは誇るべき日本の習慣です。相手に話させておいて、こちらが要点をまとめるのも一つのスタイルでしょう。言葉だけに頼らず、絵を描いたり、スマートフォンに保存してある動画を話題に、自分の土俵に話を持ってくるのも一つのパターンだと思います。こうした、**それぞれが得意とするコミュニケーションの方法を、自分なりに考えましょう**。もちろん試行錯誤は不可欠です。そしてやりながら上手くなっていくしかありません。でもやらなければ、もっと言えば失敗しなければ、ぜったいに上手くはなりません。

海外に出て英語を話す際、挨拶や自己紹介では必ず握手をしなければならないかというと、そんなことはないのです。むやみに頭を下げる必要もありません。繰り返しますが、魂まで売り渡す必要はありません。

4 なぜ日本人は英語ができないのか？

日本人は英語ができないとよく言われます。ただし現場で学生に接している私たちからしたら、それもかつてのことで、年を追うごとに若者たちの英語力は着実に高まっているように感じています。一方で、それでも諸外国と比較してみれば、まだまだかなと思うことも確かです。

どうして日本人は英語ができないのでしょうか。何か民族的に、言語を習得する能力が極端に劣っているのでしょうか。日本語という言語が邪魔をして、外国語を学びにくくさせてしまっているのでしょうか。そんなことは全くありません。

日本国内での英語を取り巻く背景がそうさせてしまっているということはありますが、ここでは日本人の多くが通常持ってしまう二つのマインドを指摘したいと思います。私は、これらこそ、日本人が本当は英語ができるのにもかかわらず、できなくさせてしまっている元凶だと思っています。

●「完璧な」英語は存在しない

その一つが、**完璧主義**です。完璧になってから英語を話そう、もっと英語が上手くなってから海外発表に挑戦しよう、語彙(ごい)力を高めてから留学生の友達をつくろう、そんなことを自然と考えてしまうのが日本人です。もちろんこれは、謙虚で慎み深い日本文化の誇るべき長所です。しかし英語でコミュニケーションすることにおいて、この**完璧主義は必要ないと断言します**。

完璧主義の先には、いわゆるネイティブ話者が話すような、文法や発音がきちんとした「完璧な」英語を想定するわけですが、私たちの日本語がそうでないように、これは蜃気楼(しんきろう)です。Chapter7-1の「言語に美しいも乱れているもない」の話に関連しますが、母語話者を含め、誰も完璧な英語なんか話していません。**みんなそれぞれ「自分の英語（my English）」を話しています**。それぞれの英語の話し方に味やなまりがあり、魅力があるわけです。

つまり、完璧な英語を目指してどれだけ努力しても、いつまでたっても完璧にはなりません。なぜなら、そもそもゴールなど存在しないからです。今の皆さんの英語でいいのです。

Learning by doing

　ゴールは存在しませんが、もっと上手く話せるようになりたいという向上心は決して悪いことではありません。そうであるならば、「やりながら上手くなる」、これに尽きます。**「完璧になってからやる」のではなく、やりながら完璧を目指すのです**。かつて、著名な教育学者であるJohn Dewey（1859–1952）は、“learning by doing”という言葉を残しました。「やりながら学ぶ」という意味ですが、現実的にそうすることで一番英語が伸びます。車の運転と同じです。いつまでも自動車教習所の練習コースの中だけで走っていても仕方がないのです。公道に出て、実践を通して上手くなるのが一番です。ピアノの練習でも、水泳でも、実験だって同じです。ごっこ遊びではない、リアルなコミュニケーションの場で鍛錬を重ねることが言語上達の近道であるというのは、たとえ専門家でなくとも容易に想像がつくことだと思います。

「やりながら上手くなる」には失敗はつきものです。失敗しても大丈夫ですから、**完璧にやろうとしないでください**。ほとんど通じなかったとしても、少しは通じたわけですから、**できない点よりもできた点に注目しましょう**。次は必ずもっと上手くなります。そして、少しでも通じている時点で、それは失敗とは言えません。特にサイエンス分野のコミュニケーションでは、仮に言葉がほとんど通じなくとも、図表やデータさえ分かれば、それが言葉以上にものを言うのは皆さんが一番よく分かっているはずです。fail safeという言葉がありますが、本当の最悪の事態、つまり、自分の言いたいことの0.1％も相手に伝えられなかったというような、「大失敗」さえ避けられればOKと考えましょう。国際学会や英語を使うミーティングには当然準備もしていくわけですし、まずもってそのような事態に陥ることはありえません。ですから、心配する必要はないのです。

●何でもペラペラ話せる必要はない

典型的な日本人が、英語ができないと思ってしまうもう一つの理由を挙げます。それは多くの日本人が、「自分はペラペラ話せないから英語ができない」と思っていることです。

ペラペラ信仰とこの際名付けておきますが、このペラペラ信仰にはどうやら根強い憧れ、もしくはコンプレックスがあるのでしょう、かなりこだわっている方も少なくありません。

しかしこれも悪質な蜃気楼の一種です。別に**言葉をペラペラ話せることが、その言語を理解し、使いこなしていることを意味するわけではありません**。日本語で考えてみていただきたいのですが、たとえ日本語の母語話者であっても、誰もがペラペラと話しているわけではありません。口下手であったり、朴訥（ぼくとつ）な話し方をする人もいます。また、あえて必要なことのみを話し無駄なことは一切口にしない人、聞き役に回りつつも自分の意見を節目節目で添える人など、ただペラペラ話すようなやり方とは異なった、独特で効果的な話し方をする人はいくらでもいます。もともとおしゃべりが好きな人もいれば、寡黙で自分の頭の中だけで考えることが好きな人もいます。これら全て、みな間違っていませんし、個性であり、どれが良い、悪いなど、決して判断できるようなものではありません。しかし不思議なことに、日本人が英語を話すとなると、途端に誰もが、ペラペラと間髪入れずに話さなければならないと思ってしまうようです。そうした考えは間違っています。

そして、当たり前のこととして、どんな人でも、自分が得意とする話題とそうでない話題とでは、言葉の「ノリ」が違ってきます。自分の好きなアイドルや興味のあるサッカーの話題なら、日本語であろうが英語であろうが何時間でも話し続けられるとしても、興味のない話題ではそうはいきません。当たり前です。ですから、ある人がペラペラと話していたとしても、それはその人が好きなことであったり、得意とする分野の話題であるからたまたまそうなっているのであり、その人が、常にペラペラ話すことができるわけではありません。だから蜃気楼なのです。当たり前過ぎることかもしれませんが、このことは改めて声を大にして強調したいと思います。

したがって、**目指すべきは、自分の専門分野や、伝えたい内容、趣味や関心のあることについて、話せと言われればいくらでも話せる、そうした英語話者なのです**。優先すべきは、英語で日常会話ができることではないのです。どんな話題にも変幻自在に対応し、ジョークも交え話を盛り上げられることは、できたらカッコいいかもしれませんが、皆さんが英語を話す理由の優先順位としては決して高くないはずです。現実問題として、日常の話題でその場しのぎの時間つぶしができたところで、そこにどれだけの生産性があるのでしょう。外交官ともなればそうした「ロビー」での会話も戦略性を持つのでしょうが、私たちは英語を母語とはしない、第二言語話者なわけです。言語をネイティブ・スピーカー並みに操れるはずもありませんし、操る必要もなければ、そんな期待もされていません。言葉の流暢(りゅうちょう)さよりも、相手は皆さんが何を話してくれるのか、その中身にこそ注目しているからです。

「割り切り」、これは英語を話す際のポイントです。全部できる必要はありませんし、一生懸命勉強してもすぐにできるようにはなりません。そして所詮「ことば」です。使っているうちに上手くなります。「10年ぐらい先には流暢な英語を使っていたいなあ。」それぐらいのスタンスで十分です。

CHAPTER 8

英語プレゼンテーション上達への近道

 マルチメディア表現を強力な武器にしよう！

マルチメディア表現とは、コミュニケーションにおいて、言葉で伝える以外に、動画であったり、写真であったり、デモンストレーション（実演）であったりといった表現手法のことを指します。昨今のテクノロジーの進歩は驚くべきものがあり、テクノロジーそのものもすごいですが、それに対するユーザーインタフェースの進歩も目覚ましいものがあります。今では誰もが、直感的に動画を編集し、作成することが容易にできる時代になりました。そして、こうした**マルチメディア表現は、聞く側の五感に、直接働きかけることのできる大変有効なツールです**。強力な武器といっても過言ではありません。

皆さんはご自身の研究を通して、時として、論文のまどろっこしい文章ではよく分からないものの、その論文で使われている図やグラフ、結果の表を見ることで、その内容が鮮やかに理解できた経験をお持ちの方も少なくないと思います。これは大変重要な点ですが、言語というのは、視覚情報、聴覚情報などを言語という媒体に翻訳し、いわば「間接的」な形で伝える手段に過ぎません。実験でも何でも、本当は伝えたい人たちに隣にいてもらって、直接見てもらったり、聞いてもらったりする方がはるかに分かりやすいのです。つまり、何でもかんでも言葉でもって説明することが、理解という点で見たら必ずしも最も優れた方法ではないのです。ですから、全ての内容を英語という「言語」で伝えることは、皆さんがどんなに英語が上手かろうが、そもそもベストな方法ではありません。

ぜひ、マルチメディア表現を戦略的に考えてください。私たちは何かを伝えるコミュニケーションを考えるとき、無意識のうちに言語表現をメイン、それ以外の非言語表現をサブと思いがちです。しかし日常のコミュニケーションでは、そして国際学会におけるコミュニケーションにおいても、必ずしもそれは当てはまりません。むしろ非言語表現こそ、例えば先に提示したグラフや図表こそがメインでものを言い、言語はそれに説明を添えるだけで、重要度が意外と低い場合も少なくありません。だったら、**非言語表現を前面に出したプレゼンテーションを工夫しましょう**。言葉を脇役にするのです。言葉がメインになってしまっては言葉の達者な者が有利になります。しかし脇役に押し込むことに成功するならば、たとえ英語が不得意であったとしても、勝算の余地が限りなく大きくなるのです。

2 コツは「オーセンティシィティ」

どのようにしたら英語が上達するか、何か近道はないか、短期間で集中的に能力を伸ばす方法はないか、気になるところだと思います。具体的な方法については可能な限り本書でも取り上げますが、一つキーワードがあります。それが**オーセンティシィティ**という言葉です。英語で書くと authenticity となります。日本語に訳すならば「正統性」とでもなりますでしょうか。

簡単に言えば、「**本物（本番）の場数を踏みましょう**」ということです。

発表の上手い人も、英語の上手い人も、何度も本番をこなしているからできるわけで、オーセンティック（authentic）な環境で経験を積めば積むほど度胸もつきますし、英語も上手くなります。当たり前のことだとがっかりしたかもしれませんが、これはどれだけ強調してもし過ぎることのない、とても大切なことです。

●練習ではダメ？

本番ではない、いわゆる練習でも上達はするでしょう。しかし、「本物の」というところがポイントで、真似事やごっこでは真の実力は身につきません。英語教員の立場からは言いづらいことですが、英語の授業をどれだけ頑張ってもダメなのです。英会話学校に行って特訓してもらっても、有料のオンライン英会話を頑張ってみてもダメでしょう。なぜなら、これらは本物ではなく、「英語（学習）のための英語（使用）」でしかないからです。

どんなチャンスであれ、それが皆さんの英語能力を向上させるためだけの練習の場ならば、英語は伸びません。間違ってもいいからです。「これは本番じゃない」、「練習の場なんだ」という認識が、私たちから必死さを奪ってしまいます。

●本番をつくろう

本物の場数を踏むためには、英語が通じないと困る場、もしくは何とかして自分の思いを英語で伝えたいと思う場に自分を追いこむことです。海外に年単位で留学に行かれた経験のある方はよくお分かりになると思いますが、留学が決まってから渡航するまで、どれだけの時間とお金を英語力向上に費やしても、現地に渡ってから３ヶ月の間に向上した分を上回ることはないでしょう。残念ですが、それだけ必死さが違うのです。リアリティが無いと言ってもよいかもしれませんし、緊急的な必要性が無いと言ってもよいでしょう。日本国内での生活は圧倒的に日本語が支配しており、英語ができなくても何不自由なく暮らせます。よほど強い意志を持たない限り、なかなか本気になれないのです。

ですから、**チャンスがあれば、自ら進んで国際学会の経験を積むべきです。国内では留学生と積極的に交流し、理想的には研究分野で、そうでなくとも友達同士として、通じなければ困る状況を積極的につくりましょう。**留学生寮で寝食を共にするのも大変オススメできます。留学生が多い研究環境を選んだり、大学や企業が提供する短期留学プログラムに積極的に参加するのもよいでしょう。ただし、留学先でも英語の授業をただ受けるようなプログラムはあまり推奨できないので注意してください。それよりも、何か実際のプロジェクトに取り組めるであるとか、そこでし

図 8.1　留学生との交流例（研究室の留学生を日本の観光地に案内する）

かできない体験に参加させてもらえるとか、現地のバディと相談して自由にフィールドワークができるとか、そういった、練習ではなく本番のコミュニケーションを多く経験できそうなプログラムを選びましょう。結果的に、きっとそうしたプログラムの方が皆さんの英語力も伸びるでしょう。

3 ただし・・・ライティングだけは別です！

ここまで、英語に対する考え方、付き合い方として、主として対面でのコミュニケーション場面を想定した話をしてきました。ここまでを読んで、皆さんの英語に対する考え方が変わり、心理的な抵抗が少しでも下がれば幸いです。コミュニケーションは嘘偽り無く、「通じてなんぼ」の世界です。堂々と、「通じる」というよりは「通じさせる」つもりで、コミュニケーションに全力を注いでいただきたいと思います。

ただし、一つだけ、例外としてお伝えしておきたいことがあります。それは、**書くこと、つまりライティングだけは別ということです**。

いわゆる口頭でのコミュニケーションの場合、言ったか言わないかは、極端に言えばとぼければ済みます。過去形の ed をつけ忘れようが、proceed を precede と言い間違えようが、自分は間違えずにちゃんと言ったと言い張ればそれで済みます。しかし、一旦それを書いてしまったら残念ながら話は別です。書いたことを書いていないことにはできないからです。

私自身、そして我々が実践している「プロジェクト発信型英語プログラム（Project-based English Program: PEP）」（p.104 コラム参照）のスタンスとしても、通じる程度のコミュニケーション（英語で intelligible と言います）で、内容をやり取りすることが大変重要だと考えています。しかしながら、書き物、特に論文などのアカデミックペーパーや、ポスター発表の際のポスターに書く英語については、さすがに「通じていればそれでいい」とは言えません。

学術の世界において、書き言葉、そしてその書き言葉によって学術的にまとめられた論文というのは最高の権威を持ちます。どんな口頭発表よりも、ポスター発表よりも、講演よりも、**最終的にまとめられた学術論文こそ最も権威があるのです**。今後のデジタル・メディアの発展によって、表現に対する考え方は変わってくるでしょうが、それでも当分の間は、やはり論文が学術の最終形態、論文にしてこそ発表であり、公表であり、正式な周知、認知になるという考え方は変わらないと思います。そのような大変重いものが、学術分野における書き言葉なのです。したがって、そこには高いレベルの正確性や論理性が求められます。学術論文はかなり**フォーマット**（型）にこだわっており、とにかく英語で書けばそれでいいのかと言ったら全く違います。

ですから、ライティングは別なのです。ノン・ネイティブである私たちにとって、最終的なネイティブ・チェック（**英文校閲**）はかなりの割合で必要であると考えます。そしてそれは恥ずかしいことでも何でもありません。そして、言語習得論の観点から言えることですが、ライティングは放っておいても決して上達しません。聞くことと話すことは、英語圏の国で生活していれば自然と上達します。それは、私たちが第一言語を本能的に獲得できることと関係があります。子どもが、誰からも教えられなくても、5歳ごろまでにはかなり流暢に聞き話せるようになることを考えてみてください。しかし、**読むことと書くことに関しては、それが母語であっても、「教育」がなければ決してできるようにはなりません**。英語でも日本語でも、書くことは、書くための訓練と、練習と、経験がなければできません。そして、かなり意識的にそうした機会をつくり出さない限り、決して上手くはならないでしょう。本書でも、書くことについては第3部で改めて説明します。

CHAPTER 9

英語でのプレゼンテーション能力を高めよう！

英語に対するスタンスを分かっていただいた上で、善は急げ、早速取り組んでみましょう。このChapterでは、皆さんが短期間で英語のプレゼン能力を向上させるお手伝いをします。ぜひ、ただ読み流してしまうのではなく、実際に取り組んでみてください。

他人を紹介してみよう！

いきなりですが、あなたは英語で他人を紹介できますか？　英語で他人を紹介すること、できることは、とても大切な能力です。

今から、あなたが紹介したい人を1人決め、その人を2、3分かけて英語で紹介してみてください。同じ研究室の仲間、先輩、後輩、あるいは研究とは関係のない友達でも結構です。声に出して、英語で紹介してください。表現は自由に考えてもらって結構です。

Let's Try ★やってみよう

英語で他人を紹介する

趣味、性格、研究テーマ、自分との関係、ぜひ伝えておきたいことなど、合計で2､3分になるように1人で発表してみてください。

Hello! My name is（自分の名前）.
This is（紹介したい人の名前）.

図 9.1　他人を紹介する

いかがでしょうか。1人の紹介がある程度できたと思ったら、もう2人ほど紹介したい人を決め、同じように3分程度で紹介してみてください。

コツをお話しします。人を紹介するときは、その人の悪いところや欠点を述べてはいけません。聞いている人に、なるべくその人の良い印象が伝わるように、相手をできるだけ良く紹介することがポイントです。なぜそのように紹介する必要があるのか、自分がされてみれば分かります。とても良いふうに紹介すれば、紹介される側はぜったいに悪い気はしません。その人があなたを紹介する際は、きっと同じように良く紹介してくれるでしょう。

●英語で人を紹介することの意味

なぜいきなり他己紹介をしてもらったのか、その理由は、この他己紹介の中に、皆さんが向上させたいプレゼンテーションやコミュニケーションのエッセンスが凝縮されているからです。それは次の３点です。

① 慣れれば簡単にできる

他人を紹介するということは、あまり経験のない人が多かったのではないでしょうか。自己紹介ですらする機会が日本語、英語共に少なく、初めは戸惑ったかもしれません。これはひとえに、発信に重点を置いてこなかった日本の英語教育に問題があります。しかしどうでしょう、２人、３人と紹介するにつれて、次第に慣れてきたことが自分でも分かったのではないでしょうか。英語を話すということは、決して一握りの人にしかできない離れ業ではありません。場数を踏んで、経験を積めば、誰でもできるようになります。先に指摘した**オーセンティックな環境で練習**しましょう。やればやるほど、紹介も上手くなります。

② 本質は「内容」

皆さんは紹介する相手を決めるとき、よく知っている人を選んだのではないでしょうか。他人をなるべくポジティブに、良いふうに紹介するということは、その人の長所を並べ立てることになり、これは相手のことを相当知っていなければできないはずです。知らない相手であれば内容は空虚になってしまい、良く紹介したことにはなりません。つまり、ここではその人のことをどれだけ知っているかが問われています。いくら流暢な英語で紹介しても、内容が空虚であれば何の意味もありません。これは他人を紹介するだけでなく、研究発表でも全く同じことが言えます。

また、紹介する人の長所をたくさん知っていれば、それを伝えたいという気持ちを自然と持てたのではないでしょうか。伝えたい内容があり、その内容に自分なりの自信が持てるなら、たとえ話し方がたどたどしくても、必ずメッセージは相手に届きます。マルチメディア表現も駆使できる昨今です。逆に、内容が曖昧(あいまい)であると、話し方も曖昧になってしまいます。ですから、真に重要なことは、**「英語を話したい」という思いではなく、「英語で話したい内容を持つ」**ことなのです。

③ コミュニケーションは連鎖する

コミュニケーションとは、発信者がいて、受信者がいる相互行為です。片方が一方的に話し続け、もう片方は聞いてもいない、そんな状態ではコミュニケーションとは言えません。つまり皆さんが話して終わりではないのです。必ず皆さんの発信した内容に対して何らかの「反応」がありますし、皆さんの発信内容に対して、その反応が盛り上がれば盛り上がるほど、皆さんの発信は成功と言えます。逆に、皆さんがどんなに上手い英語でまくし立てて紹介したとしても、聞く側からも、紹介された側からもノーリアクションならば、それはコミュニケーションとしては失敗、もしくは不発です。コミュニケーションの成功とは、皆さんの話（発信）を聞いて、紹介された人が喜んでくれたり、聞く側が様々なポジティブな反応をしてくれたり、その後の質問が盛り上がったりすることです。英語なんてたどたどしくてもかまいません。

●コミュニケーションを活性化させよう

あくまで私の主観に基づいた見解ですが、大部分の日本人は、同じ日本人であっても、自分とあまりにも性格や見た目が違うことで、住む世界が違うと思ってしまったり、あるいは研究分野や興味・関心が大きく異なっている人に対して、はじめから避けてしまったり、関心を持たない傾向があるように思います。大変残念なことです。それに対して、海外の人は “take an interest”、つまり自分とは全く違うものに対しても喜んで興味を持つ傾向があります。自分の前提知識の有る無しにかかわらず、面白そうだと思って聞いてくれるわけです。これはコミュニケーションを行う上でとても重要なポイントです。誰でも、例外的な場合を除いて、自分に興味を持ってもらって嫌な気はしないでしょう。同じことをお返ししましょう。**他人に興味を持ちましょう**。一見興味がなさそうに見えても、まずは聞いてみて、それから判断しましょう。色々なものに興味や関心を持つということは、コミュニケーションを活性化させます。様々なことに興味を持って、他人に「教えて」と言ってみましょう。国内でも海外でも、友達が一気に増えるでしょう。

2 「分かりやすい」発表を意識しよう！

ここで「分かりやすい」発表ということについて、言語の観点から一つ、アドバイスをしておきます。聞いたことのある方もいらっしゃるかもしれません。

● Listener-oriented vs. Speaker-oriented

言語によって、もちろんそれを取り巻く文化的な状況が大いに関係するのですが、世の中の言語には、**Listener-oriented** なものと、**Speaker-oriented** なものがあります。

Listener-oriented とはその言葉通り、聞き手が中心となる言語です。この聞き手とは、読み手でもかまいません (Reader-oriented)。つまり「受け手」が中心となる言語です。これに対して、Speaker-oriented とは、話し手が中心となる言語で、同様に書き手中心でもかまいません(Writer-oriented)。「話し手」が中心となる言語のことを指します。

さて皆さん、日本語はどちらになると思いますか？ Listener-oriented でしょうか。それとも Speaker-oriented でしょうか。英語はどうでしょう。

日本人の多くは、周囲に気を使って空気を読んだコミュニケーションをするから、おそらく聞き手中心、反対に英語話者は、直言型でズバズバ主張するから話し手中心だと思われた方も少なくないのではないでしょうか。しかし意外なことに、実はこれが全く反対なのです。日本語はSpeaker-oriented、英語はListener-orientedだといわれます。

もちろんこれは一般論として述べているのであり、全てに当てはまるわけではありませんが、日本人として特に注意が必要な傾向だと思います。

例えばあなたが日本語で何か講演をしているとします。聞き手が大学の学部1年生だったとしましょう。そして聴衆の学部生が、あなたの講演の内容をさっぱり分かっていないとします。あなたはそれに対してどう思いますか？

自分の説明の仕方が悪いのかとも思うでしょうが、それとは別に、分からないのは聞く側のレベルの問題だ、自分の話は分かる人には分かるはずだし、高等なことを述べているので、別に全員が分かってくれなくてもかまわない、そう思うことはないでしょうか。

これは日本語、そして日本文化では起こり得ます。日本の著名な小説を読んでいても、そういった態度が垣間見えることもあります。つまり、「分かる人にだけ分かればいい。別に分からない人にまで分かってもらうつもりも興味もない」といったSpeaker-orientedのスタンスです。余談になりますが、同様のことが日本の電化製品にも傾向として言えます。「全ての機能を一般の人にまで分かってもらおうとは思っていない。そういう人は基本的なところだけ使ってくれればいい。使いこなせる人さえ隅々の機能を使ってくれれば、この製品がいかに優れた機能をたくさん持っているかが分かるだろう」といったものです。繰り返しますが、日本語の文化では、これは決して違和感のあることではなく、**「It's your fault.（それはそっちの責任だ）」が通用するのです。**

しかしながら、英語を使う文化、特にアメリカ社会ではこういったスタンスは完全にNGです。自分が何か話をしたり、説明をして、それを受け手が理解しなかったとしたら、それは「話し手」が全責任を負います。たとえ受け手が英語の非母語話者で、ヒアリングの能力が低かろうが、勉強不足で基本的な知識がなかろうが、聞き手が分からなかったとしたら、それは話し手の伝え方が悪いとみなされます。つまり、「It's my fault.（それはこっちの責任だ）」なのです。試しに、皆さんアメリカで、ネイティブ・スピーカーに何か言われた際、Pardon? や、Say that again.（Can you say that again?）と何度も言ってみてください。おそらく何度でも、こちらが分かるまで辛抱強く、あの手この手を駆使して一生懸命伝えようとしてくれるはずです。「分からないなら別にいい」、「あなたの理解力がないからダメなのだ」という聞き手に責任を押し付けるような態度は決して取らないと思います。

聞き手に分かってもらう責任、それは話し手にあるというListener-orientedな価値観は、英語圏では徹底しているように思います。自己満足、独りよがりではダメなのです。だからこそ、説明は分かりやすい必要があり、一部の人にだけ分かるような説明の仕方は好まれません。もちろん専門知識のあるなしによって100%全員が分かるということはありえませんが、それでも国際学会をはじめ、たとえ門外漢の人が聞いたとしても、ある程度は分かってもらえるような説明の仕方、工夫が必要です。日本語で説明しているとき以上に聞き手を意識し、少しでも聞き手が首を傾げたら「何が分からなかったの？」「もう一度違う言い方で説明させて」「言葉で分かりにくかったら絵で描いて説明しようか？」という態度が重要なのです。

●論文執筆での Reader-oriented の姿勢

このことは学術論文でも全く同じか、もっとその傾向が高まります。英語で論文を書く際、実は日本語で論文を書く以上に、読み手のことを考える必要があります。自分がどんなに自分の論文について理解していても、そしてその内容に自信があっても、**読む側にとって分かりにくい書き方であれば、その良さは伝わりませんし、それは書き手の責任です**。

では具体的に、分かりやすい書き方とは何を指すのでしょうか。第一には、文法や語彙におけるエラーをなくすことです。これらは読み手に内容を分かりにくくさせてしまいます。間違った文法やスペルミスは読み手に対して失礼であり、また、不必要な認知的負荷をかけてしまいます。読み手は間違いを訂正した上で、書き手の意図を汲み取らなければならず、それは読み手中心の考え方ではありません。Chapter8-3 で学術論文でミスが許されないのは、「書き言葉としての論文が最高の権威を持ち、後に残るため」と述べました。一方でこのように、ミスをなくすことは Reader-oriented の考え方からも大切なのです。もちろん人間ですから、論文であってもエラーは起こり得ますが、マナーとしてそのようなミスは極力なくし、いわゆるスタンダードな英語を用いて、間違いのない論文を書くことが全ての書き手に期待されます。

これは日本語での論文、そして日本人相手に書いているときよりも強く意識する必要があります。間違いをなくした上で、少しでも多くの読み手に分かってもらえるような書き方を意識し、読み手の立場に立って論文を構成することがとても重要です。少なくともこうした意識を持つだけで、皆さんの海外発表も、英語論文も大きく違ってくると思います。そして付け加えるなら、日本の電化製品にももう一度、グローバル市場でインパクトが持てるチャンスが回ってくるでしょう。

●「分かりやすい」発表と「内容を簡単にした」発表は違う

もう１点、「分かりやすさ」ということに関しても説明を加えておきます。誤解のある人も少なくないようですので強調しておきたいのですが、**分かりやすく説明するとは、ある事柄を簡単にして説明することではありません**。説明の小難しいところを省いて、理解されやすいところだけをダイジェストでなぞるのとは違う、ということです。分かりやすいとは、その字のごとく、聞いている人が理解しやすいように説明することです。決して難しい部分を省くことではありません。逆に、難しい内容を難しく説明することは、知識さえあれば誰にでもできます。しかし、**難しい内容を分かりやすく説明することは誰にでもできるものではありません**。スキルもいりますし、経験もいります。聞き手の興味や知識レベルをその場で判断し、その都度の理解に合わせて柔軟に説明の仕方を変えること、それが分かりやすい説明には不可欠です。そのまま話したら難しすぎると思われる場合、時にはメタファー（喩え）を用いて説明する必要もあるかもしれません。どのような方法を用いても、聞き手に自分の発表の少なくとも核心部分だけは、しっかりと理解してもらう必要があるわけです。

こうした説明のための工夫をしなくとも、皆さんがある意味そのまま研究内容を発表できるのは、皆さんが所属する研究室での研究報告会ではないでしょうか。その場合、聞き手はかなり高い水準で必要となる専門的知識を共有している仲間たちです。しかし、一歩研究室を出るとそうはいきません。ましてや海外で発表する場合、伝える相手の前提知識、興味、分野は大きな多様性を持ちます。しかし学会での発表に採択されたのならば、**相手に「分かった」と言わせるのは皆さんの責任です**。そして、Listener-oriented の立場に立った、分かりやすい発表を心がけ、多少異なった専門分野の人にも皆さんの研究の意義、概要が伝わったのなら、それは異分野間での研究コラボレーションのチャンスが一気に広がることを意味します。思わぬ分野の人から声をかけられ、共同研究を持ちかけられる、そんな可能性もゼロではないわけです。

CHAPTER 10

エレベータートークでポイントを絞る訓練をしよう

1 エレベータートークとは?

短期間で英語でのプレゼンテーション能力を高める方法としてお勧めできるものに、**エレベータートーク**があります。

エレベータートークとは、30 秒、1 分など、あえて短い時間を設定し、その中で自分が最も伝えたい内容を、しかも Listener-oriented で伝えるプレゼンテーションの一つの訓練手法です。もともとはアメリカのシリコンバレーで生まれたものですが、これはサイエンス分野の発表の訓練としても大変有効です。

エレベータートークとは比喩的な意味があり、その由来はこうです。あなたが科学者で、アメリカにいたとします。ある会合のため大きなビルを訪れ、エレベーターに乗って上階へと移動します。たまたまその時、あくまで架空の話ですが、そのビルで行われているイベントにアメリカの大統領が訪問することになっており、しかもどうしたものか、その大統領があなたと同じエレベーターに一人で乗り込んできたのです。あなたは大統領が何階で降りるかを知っています。おそらく降りるまで時間は 30 秒、二人きりですから話ができるチャンスです。あなたが取り組んでいる分野の研究を分かってもらい、予算をつけてもらえるまたとなないチャンスです。さぁ、あなたはどのように話をして大統領に興味を持ってもらい、さらにその認識を短時間で変えますか、ということです。もちろんこれを大統領ではなく、会社の社長、大学の学長、自分の研究分野における世界的な研究の第一人者など、想定を変えれば、これは必ずしも夢物語ではありません。

●エレベータートークをしてみよう

そこで、皆さんもエレベータートークをしてみましょう。先に挙げたような、通常では決して会えないような、しかし会って話をしたい「大物」を想定してください。総理大臣でも、世界的権威の先生でも、自分が行きたいと思っている研究所の所長でもかまいません。その人が30秒だけ、あるいは1分だけ皆さんの話を聞くチャンスがやってきまし

図10.1　エレベータートーク

た。今から準備をして、本気でエレベータートークに挑戦してみてください。国際学会での発表が決まっていたり、近々プレゼンテーションを行う予定のある人は、自身の専門分野のテーマで取り組んでみてください。ポスター発表のショートトークが予定されていたら、ぜひやってみてください（Chapter5-1 参照）。

Let's Try ★やってみよう

エレベータートーク

30 秒バージョンと 1 分バージョンを、それぞれ英語で行ってみましょう。

いかがだったでしょうか。まずこのエレベータートークにおいて、30 秒用、1 分用の原稿を用意しなかったとしたら、本書に対する取り組みとして、少し残念に思います。やってみたら分かると思いますが、1 秒 1 秒が本当に貴重なはずです。それをアドリブでこなすなんて素人ができることとは思えません。そして言うまでもありませんが、原稿を作っても原稿を読むのはダメです。たった 30 秒、たった 1 分の話なのに、下を向いて原稿なんか読んで、相手が、特に忙しく様々な情報と接する偉い人が、皆さんの話を真剣に聞いてくれると思いますか？

さて、30 秒と 1 分と、やってみると分かると思うのですが、おそらく全く時間が足りず、ほとんど何も言えないことに気がつくでしょう。特に 30 秒の場合は、自分の研究テーマを述べるだけで 10 秒弱かかってしまったということもあったのではないでしょうか。しかしその一方、30 秒に挑戦した後の 1 分では、意外とたくさんのことが言えるということにも気づくでしょう。こうした感覚が曖昧な人は、ここでもう一度 30 秒バージョン、1 分バージョンに取り組んでみてください。

エレベータートークが教えてくれることは次の二つです。一つは、皆さんが国際学会で発表する場合、おそらく 15 分とか 20 分とか、少なくとも10分以上の時間が与えられて発表することが常だと思います。しかしそれは実はとても長い時間で、**1秒1秒を大切にすることで、本当に多くのことを伝えることができるということです**。もう一つは、エレベータートークをしてみることで、「要するに何を自分は言いたいのか？」という点が客観的に見られるということです。**不必要な部分を削ぎ落とし、本当に伝えたいことを厳選する**、これは「オッカムの剃刀（かみそり）(Occam's razor)」とも呼ばれることで、英語圏では伝統的な、論理や一貫性、明晰性を説明に求める考え方です。

● So what? / Who cares?

ちょっときつい言い方になってしまいますが、So what? や Who cares? という言い回しがあります。前者は「だから何？」ということですし、後者は「それって誰にとって意味があるの（意味がないんじゃないの？／それって誰得？)」という意味です。**常に自分の発表内容について、So what?、Who cares? と問い続けてください**。これらはいわゆる全否定の言葉で、こんなきつい言葉を国際学会の発表後の質疑で言われたら泣いてしまいそうですが、しかし、そう言われないように、Listener-oriented を徹底してください。聞いている人にとって、自分の発表はどのような点で役に立てるのか、自分の研究は結局聞いている人にとってどうつながるのか、それを示してあげない限り、聞いている側は So what? です。I don't care. です。このような点に気をつける上でも、エレベータートークは有効です。30秒間で、聞く側にとっての自分の研究のメリットを感じてもらうためには、タイトルだけそのまま述べたってダメです。タイトルはおおよそ研究の内容が凝集されていますから、いきなりそれを述べられても、聞く側にとって、時間あたりの情報量が多過ぎます。「要するに何が言いたいのか」、「だからそれで何なのだ」、「聞く側のことを考えているのか」と、自分に厳しく問う癖をつけてください。他のどんな他人よりも、自分が自分に一番辛辣なコメントをしてください。厳しくすればするほど、あなたのプレゼンテーションの内容は向上し、技術も自然と磨かれていくでしょう。

CHAPTER 11

国際学会での発表を準備しよう

1 彼を知り己を知れば百戦殆うからず

孫子の兵法として有名な言い回しに、「彼を知り己を知れば百戦殆うからず」というものがあります。敵の実情を知り、そして己（自分）の実情もよく知っていさえすれば、たとえ百回戦争をしても敗れることはないだろうという意味です。「勝つ」と言っているわけではなく、「負けることは避けられる」と言っているところが見事な戦略論となっており、実用的だとも思いますが、これは国際学会におけるプレゼンテーションでも同じです。これまではどちらかというと、「己」の分析・傾向や訓練について述べてきましたので、ここでは「敵」について分解して考えてみましょう。

国際学会では、原則的に英語で全てのやりとりが行われます。英語を話す場面というのは複数存在しますが、表 11.1 のように 4 種類に分けてみました。この Chapter では口頭発表について、次の Chapter では Q & A について対策をみていきます。

表 11.1 国際学会での英語使用の場面と特徴

場面	特徴
口頭発表 スライドを使ったプレゼンテーション（質疑応答を含まない）など。	ほぼ予定調和
Q & A 口頭発表やポスター発表後の質疑応答など。	シミュレーション可能
ポスター発表 ポスターを使ったプレゼンテーション（質疑応答を含む）。	ポスターを見ながら説明できるので、口頭発表より取り組みやすい。 様々な質問が飛んでくる。
コーヒーブレイク 発表の合間のコーヒーブレイク、懇親会での立ち話など。	予測不能

2 口頭発表は予定調和

口頭発表は15分間なり20分間なり、聴衆が終わりまで黙って聞いてくれる発表です。**いわゆる予定調和型、つまり予測や対策がほぼ100%可能な英語使用の場面です**。これに関しては、完璧に練習していけばそれで済むわけですから、抜かりなく準備し、練習を繰り返しましょう。これまでに説明してきたように、なるべく本番に近い状態、つまりオーセンティックな環境で練習を行うことが必要です。用意したパワーポイントのスライドなどを実際にスクリーンに映しながら、学会の会場を想定した声の大きさで何度も練習してください。ある程度練習ができたら、研究室の先生や先輩、仲間にお願いして聴衆になってもらいましょう。これがオーセンティシィティを高め、練習すればするほど、当日緊張もせず、発表も上手くいくはずです。逆にスライドを印刷した紙を見ながら、例えば電車で移動中にブツブツ練習したとしても、それでは当日の状況とあまりにかけ離れているため、質の高い練習にはならないでしょう。

●プレゼンは練習でぜったいに上手くなる

なお、誤解している人も多いので、英語コミュニケーション教育の専門家として付け加えておきたいことがあります。Chapter8-2で「発表の上手い人も、英語の上手い人も、場数を踏んでいるからできる」と述べました。しかし皆さんの中には、世の中には生まれつきプレゼンテーションが上手い人と下手な人がいて、自分は下手な方で、A君やBさんはいつもプレゼンが上手くて惚れ惚れする、と考える人も少なくありません。そう思っている人は、ぜひA君やBさんに「(A君、Bさんは)いつもプレゼンテーションが上手だけど、失敗したり、思い通りいかなかったプレゼンの経験はないのですか?」と質問したらよいと思います。必ず、A君やBさんは「上手く行かなかった経験も多々ある」と答えてくれるでしょう。つまり、誰もがプレゼンテーションに成功もするし、失敗もするのです。憧れるA君やBさんがなぜプレゼンがそんなに上手いのか、それはそれだけ練習しているからに他なりません。「プレゼンの内容そのものに時間がかかり過ぎてしまい、十分な練習時間が取れなかった」というのは典型的な言い訳です。そんな言い訳は誰も聞き入れてはくれないでしょう。人によって自分のプレゼンテーションをビデオに撮り、それを見直すことで何度も改善する人もいます。**プレゼンテーションの上手い人は、それだけ練習している**ということをぜったいに忘れないでください。皆さんが見ていないところで、必ず何度も練習しているのです。

コラム 口頭発表についてのＱ＆Ａ

問： 原稿は読んでもいい？

答： 基本的にはNOだと思います。ただし、原稿を読まないことと、全く原稿を用意しないこととは異なります。しっかりとした原稿をつくってかまいませんし、はじめはそれを読みながら練習してかまいません。しかし本番では、やはり原稿を読んでいては視線が下がるので、オーディエンスにとっては、「自分たちに向かって話してくれている」と思われにくくなります。これではListener-orientedとは言えないでしょう。

パワーポイントにせよ、ポスターにせよ、重要なことは資料に「書いてある」はずです。だから原稿は必要ないのです。視覚資料がしっかりしているならば、それを追う限り、発表の肝心な部分が飛んでしまうことはぜったいありえません。ですから安心して、自分の言葉で、オーディエンスに「伝えたい」という強い気持ちを持って話しましょう。なるべく棒読みにならず、可能な限り抑揚をつけ、アイコンタクトも意識しましょう。

問： スライド（資料）のポイントは？

答：「不必要な情報は資料に載せず、肝心な情報だけに絞って載せる、それ以外は口頭でカバーする」ということが鉄則です。不必要な情報を載せれば載せるほど、発表のポイントがぼやけてしまうだけでなく、文法や言い回しのミスなどを記載してしまう可能性が高まるからです。第二言語話者である我々にとって、母語話者であれば直観的にしないミスも当然します。スライドやポスターに、文字ではっきりと間違いが書かれてしまうと、もう誤魔化しようがありません。

その他にも、以下の点に気をつけるとよいでしょう。

- スライドとスライドのつながり（関連性）は、言葉で説明しましょう。
- グラフや図を提示する場合、そもそも提示したグラフや図は何であるかを必ず口頭で説明しましょう。
- 箇条書きにできる箇所はなるべく箇条書きにしましょう。
- 長い文で示すことはなるべく避けましょう。
- 不必要な装飾、ゴチャゴチャした背景デザイン、過剰な色使い、アニメーションの多用は、学術的な場ではあまりふさわしくありません。控えましょう。
- 多すぎる文字情報は聞く側に負担を強いることを理解して、情報を厳選しましょう。（こんなにたくさん読めっていうのか？と相手は思います。）

 「割り込み」は文化の違い？

口頭発表は「ほぼ予定調和」と述べました。「ほぼ」ということは、じつは例外的な状況もあります。国際学会は様々な文化的背景を持った人が参加します。したがって、いわゆるレクチャー型の口頭発表を行っていたとしても、平気で発表中に割って入り（interrupt）、質問をしてきたり、自分の意見を言ってきたりする人がいます。「人の話は最後まで聞きなさい」と教えられる文化はむしろ少なく、先にも指摘したように、割り込んでなんぼ、そんな言語的習慣を持っている文化も少なからず存在するからです。**皆さんが国際学会でポスター発表を行う際、残念ながら「割り込み」されることは覚悟してください**。ポスター発表とはそもそも聞いている側が好きなときに好きなことを聞ける、ディスカッション型の発表形式です。したがって、相槌（あいづち）やリアクションも含め、ポスター発表の場合は予定調和は崩れます。

さらに一言付け加えておきますが、口頭発表でもポスター発表でも、発表中に割って入られることにショックを受ける人がいます。自分が一生懸命発表している横から邪魔をされた、進行を妨げられたと思い、自分が非難されている、攻撃されていると思ってしまうようです。確かにこうした割り込みは、見方によっては、多少攻撃的（offensive）、威圧的（intimidating）に感じてしまうこともあるかもしれません。しかしながら多くの場合、これには他意はなく、思ったことをどんどん聞く、興味があるからこそ、教えて欲しいからこそ、質問が湧くとすぐに聞くといったコミュニケーションの一つのパターンです。慣れないうちは驚いてしまうと思いますが、まさに「習うより慣れよ（Practice makes perfect.）」、異文化コミュニケーションとして楽しめるぐらいの余裕を持てるようになることが重要です。

●決まり文句を持っておこう

ポスター発表は比較的ゆったりと時間が取られていることが多いので、途中の割り込みに対処する余裕があるかもしれません。しかし、口頭発表の場合は発表時間も決まっており、もともと与えられた持ち時間に合わせて練習をしています。そんなときに割り込まれて、その質問やコメントに対処していたら、想定外の時間を使ってしまいます。そして、稀にですが愉快犯はいます。あえて不規則発言をして発表を撹乱したり、途中で発表を全否定するような発言をして自己満足で悦に入る残念な研究者を見たことも私はあります。日本に住んでいるだけではなかなか理解できませんが、背景に人種や民族の問題が横たわっていることもあり、初めから喧嘩腰で発表を聞く聴衆もいます。ですから、割り込みする聴衆に悪意があるかどうかにかかわらず、こちらとしては対策を練っておく必要があるということです。そんなときはビシッと一言、次のように言ってやればよいと思います。ただし、なるべく丁寧な言い方を心がけます。それぞれ二つ、言い方を用意しましたが、どちらを言ってもかまいません。

すみません、質問は後にさせてもらってもよいですか？　発表時間が限られていますので。

▷ Sorry. Because of the time, could you ask again later?

▶ Sorry. Could you save your questions for later? I'm under some time constrains.

質問ありがとうございます。先に私の発表を終わらせてください。その後でお答えしますので。

▷ Thank you. After I finish, I can answer.

▶ Thank you for your question. After I finish up, I can respond.

（まずは私の発表を終わらせてください。）プレゼンテーションの後にもう一度質問をしていただけませんか。

▷ Can you ask me that question again at the end of the presentation?

▶ Let me finish up first. Can you ask me that question again at the end of the presentation?

上記はあくまで例ですが、このような場合の決まり文句は持っておいた方が賢明です。予定調和を崩されてこちらが動揺すると、自信がないように聞き手に見えてしまい、発表内容まで自信がないのではと余計な勘ぐりをされてしまいます。なお、こうして返答したにもかかわらず、それでも何か言ってくる場合、それは単なる非常識な聴衆です。無視して発表を継続するか、司会者に頼んで発言を制止してもらってください。司会者はそのためにいます。具体的には、司会者の方を向いて、「Can I continue my presentation?（発表を続けてもいいですか？）」と聞いてください。常識的な司会者ならば対応してくれるでしょう。

なお、これは上級者向けですが、そういった途中の割り込みはむしろ歓迎する、上等だ、ということであれば、初めから例えば次のように宣言しておけばよいと思います。

質問やコメントがあれば、いつでも割って入ってきてください。

▷ Ask a question or make a comment at any time, please.

▶ Please feel free to interrupt to ask a question or make a comment.

疑問点があればいつでも質問にお答えします。

▷ I'm happy to answer any questions.

▶ I'm happy to answer any questions you might have.

Listener-oriented の観点からみれば、質問を常時 OK とした方が、聞き手のことを配慮していることになります。発表者との距離も近いと思えますし、より参加型のプレゼンテーションとなる可能性があります。一方で、「とりあえず発表内容を全部先に聞いてください」というのは、聞き手に認知的負荷をかけることであり、理想的ではないかもしれません。しかし、限られた時間です。無理せず、発表途中の割り込みは全て後回しにすることは十分に理解されることですし、多くの発表者がそうしています。

なお余談ですが、こうした割り込みを受けた際の発表者の反応は、文化差があって面白いと思います。典型的な日本人の場合、どぎまぎしながら「その点は説明不足ですみません (Sorry for not explaining that point.)」であったり、「指摘はその通りで、その点については十分な説明ができていません (You're right. I didn't explain it well enough.)」と答えている場面をよく見ます。その一方、外国人の研究者は、自分の発表が邪魔されたとスイッチが入るのでしょう、途端に喧嘩腰になり、顔を真っ赤にして「侮辱するな」と叫ぶ発表者も見たことがあります。しかしそうなると売り言葉に買い言葉、内容についてというよりも、どちらが言語的に相手を打ち負かすかといったことに力点が置かれてしまい、見世物としては面白くても本質的ではありません。ところが、意外にも先の「日本流」の答え方をしたら、まずそれ以上厳しく詰め寄られることはありません。むしろ場が和んで、聴衆が助けてくれるようになることもありました。一見するとへりくだり過ぎに思えても、「負けるが勝ち」ではないですが、結果的に丸く収まるやり方なのかもしれません。

とはいえ、ときには言うべきことは言うこともコミュニケーションには必要でしょう。やはり大切なことは、**王道も模範解答もなく、自分なりのコミュニケーションスタイルを確立させたもの勝ち**ということだと思います。そしてそのスタイルは、自分の性格や価値観を決して否定せず、むしろ大切にして、経験を積みながら形づくっていきましょう。

CHAPTER 12

質疑応答を乗り切ろう

さて、次が肝心のQ & A、いわゆる質疑応答の時間への対処法です。先に述べた通り、ポスター発表の場合は常に質疑応答のようなものですので、こちらの部類に入ります。

質疑応答、英語表現としては、Q & A、もしくはQ & A sessionとなりますが、この場面の特徴は、予定調和が成り立たず、想定外の質問はどれだけ対策しても生じてしまうということです。質疑応答は本来、聴衆とやり取りできる有意義な時間ですが、ここに不安を感じる方は少なくないと思います。何とかして質疑応答の時間を「乗り切る」、「突破する」、「やり過ごす」ことが必要なわけです。

1 質疑応答の基本対策

●質問を想定しよう

まず何よりも重要なことは、しっかり対策を練っていくということです。予定調和が成り立たないとは言っても、聞かれる質問は何でもありではありません。例えば「あなたの家族構成について教えてください」とか、「先週の週末、どんな風に過ごしましたか?」と問われることはまずありません。また、皆さんが発表した内容と明らかにかけ離れた話題を問われることもありえません。ですから、対策は可能です。想定される質問は徹底的に予測しておき、それについての答えも練習しておきます。大切なのは、「回答の練習」をすることです。複数の想定される質問に対し、複数の回答を考え、話せるようにしておきましょう。

また、自分で想定するだけでなく、予行演習として、なるべく多様な人に自分の発表を聞いてもらい、自由に、様々な観点から英語で質問をしてもらったらよいと思います。友達だけでなく、先輩や先生にも、可能であれば質問をお願いしましょう。語の定義や、研究パラダイムそのものに対する質問など、なかなか考えたこともなかった根本的な質問をしていただけることもあるでしょう。そうした根本的な質問は、答えに窮することも多いと思いますが、しかし重要なことは、自分の言葉で自分の考えを述べることです。**「ゼロ回答／I can't answer. (I don't know.)」はぜったいダメです**。

●回答は流用できる

このようにして準備した**予測回答**の多くは、当日は使わず仕舞いかもしれません。しかし、想定していた質問が来なくても、いくつかの回答は、別の「想定外」の質問に流用することができます。したがって、十分シミュレーションを行っておくことで、多くの質問に必ず答えることができます。こうした準備は、皆さんの研究力、そして英語力の双方を必ず高めることにつながります。

また、経験のある方は分かると思いますが、大抵の質問は、質問された箇所の発表内容をもう一度繰り返す、もしくはより詳しく説明することで乗り切ることができます。オーディエンスは皆さんの研究発表を「初見」の状態で聞くわけで、そのために**一度聞いただけでは理解できなかった点について、確認のために聞いてくる場合が多くあります**。その場合は、質問をある程度理解した上で、適切なスライド資料を再度提示し、別の言い方で答えればそれでOKです。

●質疑応答はチャンス。同期から非同期に切り替えよう

理想的には、質疑応答を通して、次なる自分の研究の深化、発展につながることが望まれます。自分も気づいていなかった点を指摘されることで、自身の研究の大幅な跳躍のきっかけを与えてくれるわけです。新たな共同研究の可能性も然りです。しかし現実問題として、そういったことが質疑応答の時間内で済むことはありえません。したがって、**自分の研究にとって、本当に意味のある指摘をしてくれる研究者には、後で進んで連絡先を聞き、アドバイスや指導をもらいましょう**。そして正確さを期するためにも、後でeメールでこちらの情報を整理してお伝えし、相手の意見にもしっかりと時間をかけて英語の回答をしたらよいと思います。つまり、このレベルでは英語云々の問題ではなく、研究の中身こそ重要になってきます。英語運用能力のせいで、せっかくの研究の向上が妨げられることはあってはなりません。

そうであるならば、コミュニケーションを**「同期から非同期」**、つまり即座にやり取りが期待される質疑応答のような場面（同期）から、じっくり考える時間が持てるメールなどの場面（非同期）に切り替えることで、内容に集中できるようにしましょう。「この質問は本当に自分のためになる」と思ったなら、戦略的に、その質問者とはコミュニケーションのパターンを切り替えるのです。そうすることで、英語力による影響を最大限排除します。このような意味でも、やはり、同期のコミュニケーションである質疑応答は「（何とか、何としてでも）乗り切る」べきものだと思います。

まとめると、ポイントは次の2点です。

質疑応答の基本

(1) ある程度想定される質問で、自信を持って回答できるものについては可能な限り準備し、練習しておく。
(2) (たとえ上手く回答できなかったとしても) 自分の研究の次なる改善に本質的に役立つと思った質問については、後でメールアドレスを教えてもらい、じっくりと時間をかけて改めてこちらも質問し、回答をする。

2 想定外に対処しよう

前節では質疑応答の基本、いわゆる「想定内」の対処について述べました。残りはそれ以外、つまり「想定外」の、何とかしてやり過ごさなければならない（適切に処理しなければいけない）質問への対処です。質疑応答の時間はエンドレスではありませんから、何か適当に（適切に）回答しておくことで、その場を凌（しの）ぐ方法です。皆さんが最も気になる嫌なところではないでしょうか。

こうした想定外の質問がなぜ嫌なのか、分析的に考えてみましょう。それは次の二つの要素が混合しているからです。

質疑に答えるために必要な要素

(a) まず相手の英語での質問を短時間で理解しなければならない。
(b) それに対してある程度回答しなければならない。

これははっきり言って、大変レベルの高いことです。一度にヒアリングとスピーキングと理解力のテストをさせられているようなもので、しかも回答時間は極めて限られています。

●ゼロ回答はダメ！

まず鉄則として、質問には必ず回答します。グローバル社会から見た際の日本人の悪い癖ですが、**「笑ってごまかす」とか、「黙ってやり過ごす」ことはできませんし、通用しません**。皆さんの発表なのですから、主役は皆さんです。聴衆は皆さんの回答を固唾を飲んで待っています。ですから、「何も答えない」ことはむしろ失礼です。

とにかく「何か」を言いましょう。日本を除く世界中の人は、内容なんて全く無くてもとにかく「何か」を言います。本質的な回答ができていないと思っても、多少自分の回答がずれていると思っても、不十分にしか回答できていないと思っても、とにかく「何か」を言うのです。当然聞く側も同期のコミュニケーションですから、一定の配慮はしてくれます。一番やってはいけないことは、答えないこと、答えることを諦めてしまうことです。次にやってはいけないことは、回答までに時間がかかり過ぎることです。これは露骨に場が白けます。即時的(simultaneous) なやり取りこそが質疑応答の醍醐味（だいごみ）で、荒削りでもいいから、時間的なインターバルのないテンポよい回答が期待されているわけです。ずっと黙って下を向いていたり、PC の画面と向き合ったまま固まってしまったり、電子辞書を取り出して単語を永遠と調べたりしていては、聴衆は決して良い気がしません。可能な限りやめましょう。

●対処法 ①：聞き返す

では何か答えるためにはどうすればよいのか。まずは要素 (a) に注目してみます。これは多くの場合、ほぼ英語力の問題であると言ってよいでしょう。相手が何を言っているかが分からなければ答えようがないわけで、これは一つの大きなハードルです。

しかし、大抵の場合、経験にもよりますが、相手が何を聞いているのか、なんとなく分かるはずです。なぜなら、内容は100%あなたの研究に関するものですから、見ず知らずの話題を急にふられるのとはワケが違います。とはいえ、より正確に理解するため、そして回答を考える時間的余裕を稼ぎ出すため、例えば次のような「聞き返し」をすることで、質問者からもう一言引き出すことは意味があるといえます。

その質問をもう一度言っていただけませんか？

▷ Could you say that again?

申し訳ないのですが、別の言い方で教えてもらえませんか？

▷ Sorry, but can you explain differently?

▶ I'm sorry, but can you explain that to me in a different way?

私は正しいですか（私の理解は間違っていませんか）？

▷ Is that right?

▶ Am I correct in what you are saying?

私の理解ですと（あなたの質問は次の通りですね）…

▷ My understanding is ...

要するにあなたのポイントは…ということですね

▷ So, your point is ...

図 12.1　質疑応答の残り時間が２分となり、要点を尋ねる。

別の観点からこの問題への対処を考えます。質問者の質問内容が分からない場合、確かにあなたの英語力にも一部原因があるのかもしれませんが、実は質問者の英語にも問題がある場合が多いのです。国際学会は英語の母語話者のみが集まった会ではありません。皆さんを含め、多くの非母語話者が集まっており、独特な発音、強引な文法を使って話す人も少なくありませんし、しかもそれをまくしたてるように速く話すので、聞いていて ??? となることは少なくありません。質問者に恥をかかすわけにもいかないためその場では黙っている他の聴衆も、「あの質問、実は俺もさっぱり分からなかったよ」と、ネイティブ・スピーカーですら言ってくることがあり、よく笑い話になります。

ですから重要なことは、先にも強調した通り、とにかく答えることです。白旗はぜったいにあげてはいけません。もしあなたが質問者の質問の意図を 60% ぐらい理解できれば、ほぼ質問に答えることができるでしょう。しかし質問が 40% ぐらいしか理解できず、しかも自分の言いたいことの 40% ぐらいしか言えていないと思っても、とにかく答えます。たいがいはその質問はそれで収束します（相手も今度は何を言っているのか分からないわけですから）。つまりポイントは、相手の質問がほとんど分からなかったとしても、それで動揺してしまうのではなく、もう一度言ってもらうなりして相手の質問のキーワードを拾い、自分である程度質問内容の見当をつけます。後は、その質問だと「勝手に」自分で思い込んで、その質問に答えればいいのです。最後にこれぐらい言っておいて、場を和ませておきましょう。

すみません、たぶん質問に完全には答えていないと思います。

▷ Sorry. I may not have answered all of your questions.

よりポジティブな言い方をしたい場合は、

いただいた質問に何とか回答できたのではないかと思っています。
どうもありがとうございました。

▷ I hope I've answered all of your questions. Thank you very much.

と締めくくりましょう。

●対処法 ②：一度逃げる

次に要素 (b)、全く想定外の質問に対する回答の仕方について対策を考えましょう。ここでいう想定外とは、予測回答の流用が利かない場合です。例えば、相手の質問の意図は多少は分かるけれども、その質問に対してどう答えてよいのかさっぱり分からない場合、もしくは極めて答えにくい（答えるのが難しい）場合、さらには答えられなくはないが、膨大な背景情報を含め説明に時間がかかる場合などです。

こうした場合の王道は、「後で個人的にお願いします」ということにして、その場の質疑応答はおさめるという手法が一般的だと思います。逃げと言ったら聞こえは悪いかもしれません。しかし、この場では確かに逃げますが、必ず後で自分からその質問者のところへ行き、しっかりと誠意を見せましょう。また、質問をしてくれたことへの謝意を忘れずに。例えば次のように切り出せばよいでしょう。

こんにちは、先程はご質問いただきどうもありがとうございました。私の名前は…と申します。

▷ Hi. Thank you for your question, I'm …

図 12.2　ポスター会場で質問者を見つけ、質問の続きに答える。

さて、それではどうやって質疑応答の場をおさめるのか、例えば次のような決まり文句を自分の常套句にしてしまったらよいと思います。

質問どうもありがとうございます。しかしご質問いただいた点はここで説明するには複雑すぎて詳しくお話しすることができません。よろしければこのセッションの後、直接お話しさせていただいてよいでしょうか？

▷ Thank you for your question. Your point is a little complicated. Can we talk later?

▶ Thank you for your question. Your point might be too complicated to be explained in detail here. Can we talk after the session?

質問の趣旨は分かりましたが、今この時点でその質問に答えることができません。すみません。もしよろしければ後でお時間いただけませんか？　勉強させていただきたいと思います。

▷ I think I understand your question. I can't go into detail now, but if you have time later, we would talk.

▶ I think I understand your question. But I'm afraid I can't go into detail just now. If you could spare some time later, I'd like to hear more about your ideas.

大変興味深い質問ですね。私のところでもう少し調べてから返答させてください。

▷ That's a good question. Let me look into that and get back to you.

▶ That's a good question. I'd have to look into that more to be able to get back to you.

●興味を持ってもらったことへの感謝

このChapterを閉じるにあたって、最後に二つアドバイスをしておきたいと思います。まず国際学会において、やはり一番ナーバスになるのは質疑応答だと思います。それは誰でもそうですし、**質疑応答はどれだけ経験を積んでも慣れるものではありません**。できれば質問なんて来ない方がいいなと思うこともあるでしょう。しかし、質問がたくさん来るということは、それだけその研究内容が多くの聴衆の興味を惹いているということです。たくさん質問が来れば来るほど、それを乗り越えるのは大変ですが、乗り越えた後、「大変だったけど、すごく参考になった。やってよかった。」と間違いなく思えるはずです。国際学会で盛り上がった質疑応答をやり切った後の充実感、爽快感はたまらないものがあります。もはやこの時点では、英語力は全く関係ありません。内容でのやり取りが、質疑応答を盛り上げるからです。

もう1点。これは論文執筆でも学会発表でも同じですが、皆さんの研究成果を発信することで、**仲間をつくりましょう**。敵を作るのではありません。論争して、先行研究の相手を打ち負かして、「どうだ、すごいだろ」と言いたい気持ちも分かります。若ければ若いほど、血気さかんになるものです。もちろん、それだけ自分が時間と労力を注いだ研究成果ですから、なるべく大きく見せたい気持ちも分かります。先行研究なんて全然お粗末で、自分の研究がいかに優れているのか、思わず言ってみたくもなります。しかし、不必要な対立は無用な争いを招くだけです。自分の研究を自信をもって発信することはかまいませんが、先行研究をはじめ、他の研究成果も十分に尊重しましょう。それらの研究のおかげで自分の研究があるわけです。傲慢になってはいけません。この戦略はとても重要です。**不必要に敵をつくることで、必ず足元をすくわれるからです**。

3 コーヒーブレイクはできなくても OK

最後に発表以外、いわゆる学会中の立ち話や、**コーヒーブレイク**、懇親会のときなどの英語使用についてです。ここでのコミュニケーションはまさに予測不能、変幻自在で練習のしようがないと言ってもよいでしょう。確かにこういうところで、ペラペラと話の中心になって周りをエンターテインする話者は魅力的です。しかし、自分がそうではないからといって、何か引け目を感じるとしたらそれは全く違います。

Chapter7-3 節の冒頭で「コーヒーブレイクは大切なネットワーキングの場であり、コネクションを広げることが期待されている」と述べました。しかし、国際学会への参加の主目的は、学会で発表をし、質疑応答をやり遂げることです。それが達成できる限りにおいて、皆さんは目的を達成しているわけです。いわばそれ以外の英語での会話は、むしろ息抜きに行うもので、大いに楽しめばよいのです。そこで上手くいこうが、失敗しようが、それは全く本質的ではありません。ですから、ここでの会話の出来不出来は、ばっさりと割り切ってください。

そして、高度なサイエンス分野の研究発表は誰にでもできるものではありません。そのような意味では、コーヒーブレイクでのコミュニケーションの優先順位は、口頭発表や質疑応答に比べてはるかに低いということです。全部できる必要はありません。まずは発表がある程度こなせるようになり、その後コーヒーブレイクでのやり取りに、楽しみながら挑戦したらよいと思います。

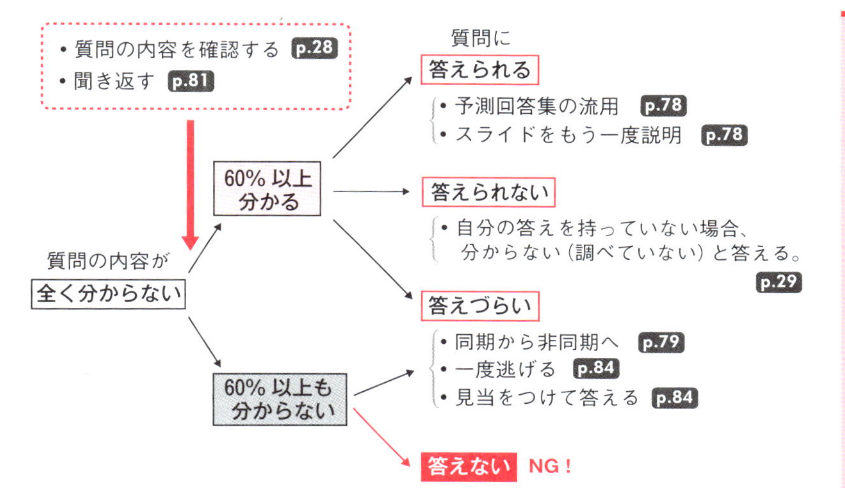

図 12.3　質疑応答のまとめ

コラム 夏目漱石の「自己本位」

夏目漱石が英文学の研究者としてロンドンに留学していたことは有名です。そこでの苦悶に満ちた日々から漱石が得た結論は、『私の個人主義』というエッセイにまとめられています。

漱石はこのエッセイの中で、英文学は結局理解できなかったと素直に述懐しています。そして有名な「自己本位」という考えを探り当てるに至って、漱石は次のように書いています。

その本場の批評家のいうところと私の考えと矛盾してはどうも普通の場合気が引ける事になる。そこでこうした矛盾がはたしてどこから出るかという事を考えなければならなくなる。風俗、人情、習慣、溯っては国民の性格皆この矛盾の原因になっているに相違ない。それを、普通の学者は単に文学と科学とを混同して、甲の国民に気に入るものはきっと乙の国民の賞讃を得るにきまっている、そうした必然性が含まれていると誤認してかかる。そこが間違っていると云わなければならない。

夏目漱石『私の個人主義』より一部抜粋
https://www.aozora.gr.jp/cards/000148/files/772_33100.html

英文学であるから、それは日本の風俗や人情、習慣や国民の性格によって育てられたわけではない、だから日本人の自分には分からなくて当然だ、文学と科学は違うんだと、こう悟り、言い当てたわけです。

このくだりは非常に含蓄があると思っています。科学は、ある種一つの客観的な「コンテンツ」であり、それは世界中どこで、どんな時代に扱われようが同じなわけです。その土地特有の文化や、それを扱う人の背景によって色付けされることはありません。ですから、通用性が高く、理解し合えるわけです。それに比べて文化や、その産物である文学はそうではない、その土地や文化が育んだ分かち難いものであり、よそ者がそもそも同じ視線でマスターできるはずがない、というわけです。

自己本位という考えに達した漱石は、これを悟ってから強くなったと振り返っています。「彼ら何者ぞや」と負ける気がしなくなり、欧米人にはそもそもなれない、彼らと同じようには理解できない代わりに、他人本位ではない、自分自身がオリジナルな概念を作り上げることこそ、自分を救う途だと気づきました。

海外に何十年も住み、現地で立派に仕事なさっている方が、「一番難しいのは現地の人との日常会話だった」と仰るのをよく耳にします。経験から出たとても深い言葉だと思いますが、先の漱石の記述と重ね合わせれば、分からなくもないと思いませんか。

学会発表よりもフリートークの方が難しいのは、これが科学ではないためです。そして、そんな時にこそ、漱石のように、「西洋人ぶらず」、自分を「彼らの前に投げ出してみる」こと、「他人本位」にならず、「人の借着をして威張らない」ことが大切です。

第 部

研究を“英語で”書いて発表しよう！

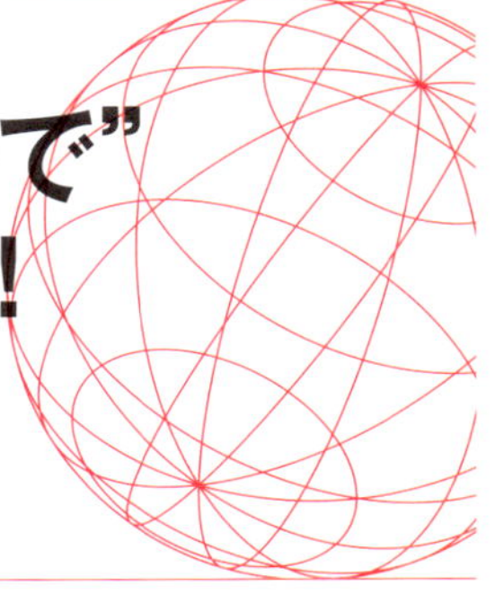

CHAPTER 13

研究の要旨を“英語で”書けるようになろう！

1 要旨（Abstract）とは？

要旨とは、論文の冒頭部分にある、論文全体の要約のことです。アブストラクト（Abstract）とも呼びます。要旨は200ワード程度で簡潔にまとめられており、論文に何が書かれているかを把握する上で重要な箇所です。自分の研究分野の論文を探す際にも便利です。また、要旨は論文だけでなく、国際学会で発表するためにも必要になります（Chapter 1-1参照）。

英語の要旨を「読み」そして「書く」ことができれば、世界中の論文から情報を得て、また、自分の研究を世界に発信できるようになります。

図13.1　Discourse Community（読み手）とテキストのジャンルの関係

テキストはジャンル（Genre）により異なる

英語の文章には、論文やエッセイ、日記など様々なものがあります。これらの文章は種類に応じて、かなり**フォーマット**（型）に沿った書き方をします。科学系の論文も例外ではなく、フォーマットに沿って書かれています。この型を応用言語学の世界では、「テキストのGenre（ジャンル）による違い」と捉（とら）えています。これは1970年代にJohn Swales（ジョン・スウェールズ）という言語学者が提唱したのが発端です。Swalesは、目的や価値観などを共有する人々で形成されている言語社会のことをDiscourse Communityと呼び、このCommunity内で使用されるテキストには特徴があるとして分析を始めました。簡単に言うと、料理のレシピも一つのジャンルです。レシピは、料理を作る人たちがすぐに作れるように、簡潔で一文が短く、命令形で書かれています。

Swalesは、テキストには「目的」があり、「読み手（オーディエンス）」を理解させるための「内容」と、それにふさわしい「表現や語彙」が使用されるべきであると言っています。これはとても大事な考え方で、英語だけでなく日本語で文章を書くときにも意識してほしい大原則です。彼が着目したのは、あらゆる分野の学術雑誌（ジャーナル）に投稿された論文でした。Swalesの発表以降、多くの言語学者がその後も

世の中の出来事を知りたい人 ↔ 新聞

若者 ↔ 雑誌

研究者 学生 ↔ 発表要旨 論文

研究を続け、今では、論文に書かれるべき内容や、使用される英語表現などがかなり明らかにされています。

 研究の要旨を読み書きできるようになろう

英語で要旨を書くことは、特に未経験者には高いハードルと映るかもしれません。なぜなら、科学者という Discourse Community の中で期待される内容を、ふさわしい英語表現で書かなければならないからです。しかし、逆に言えば、Discourse Community で使用されるフォーマットや頻出の表現を知ることができれば、あとはその型に沿って書けばよいということです。もちろん、そう単純な話ではありませんが、型は未経験者にとって強力な手がかりとなるでしょう。フォーマットや表現を知ることは、「書く」だけでなく、「読む」スピードを上げる際にも役立ちます。

次の Chapter からは、科学論文と要旨のフォーマットを知り、研究の要旨を読み書きするコツを学びます。**科学論文の 90% 以上が英語で書かれている**というデータもあり、学生であっても英語での読み書きは避けて通れません。ぜひ本書で第一歩を踏み出してください!

CHAPTER 14

まず「英文」を知ろう —英語は論理的だ！

英文は「パラグラフ」が基本

科学論文の説明に入る前に、英語で読んだり書いたりする上で知っておくべき知識を一つ紹介します。それは、「英文は**パラグラフ**(paragraph) を基本としている」ということです。パラグラフは「複数のセンテンス（文）からなる意味のまとまり」のことで、日本語の段落が改行・字下げという視覚的な意味の切れ目を指すのとは異なると言われています。一つのパラグラフは他のパラグラフと論理的に繋がり、ひとつの大きな意味のまとまり、章やチャプターといったものを作っていきます。

また、パラグラフの内部構造も論理的で、大事な情報は**トピックセンテンス**（TS：主題文）としてパラグラフの最初に置きます。TS は、最も言いたいことを 1 文に表したものです。それを支える理由や事例などの情報が、サポーティングセンテンス（SS：支持文）として TS の後に続きます。パラフの最後にまとめとしてコンクルーディングセンテンス（CS：結論文）を置くこともあります[†1]。このように、“あるべき情

[†1] TS と SS は必須ですが、CS は必ずあるとは限りません。

報があるべき場所にある"というのが英文の基本です。英語を母語とする人たちは、それを期待して読むので、最初に書き手が最も言いたいことが書かれていなければ戸惑ってしまいます。ここは、日本語の一般的な文章とかなり異なる点です。日本語の場合は、必ずしも最初に大事な情報が置かれているとは限りません[†2]。

例えば、私たちが小学生の頃に書いた読書感想文などの作文は、"思いのままつづる"文章であったと思います。このような作文を読む場

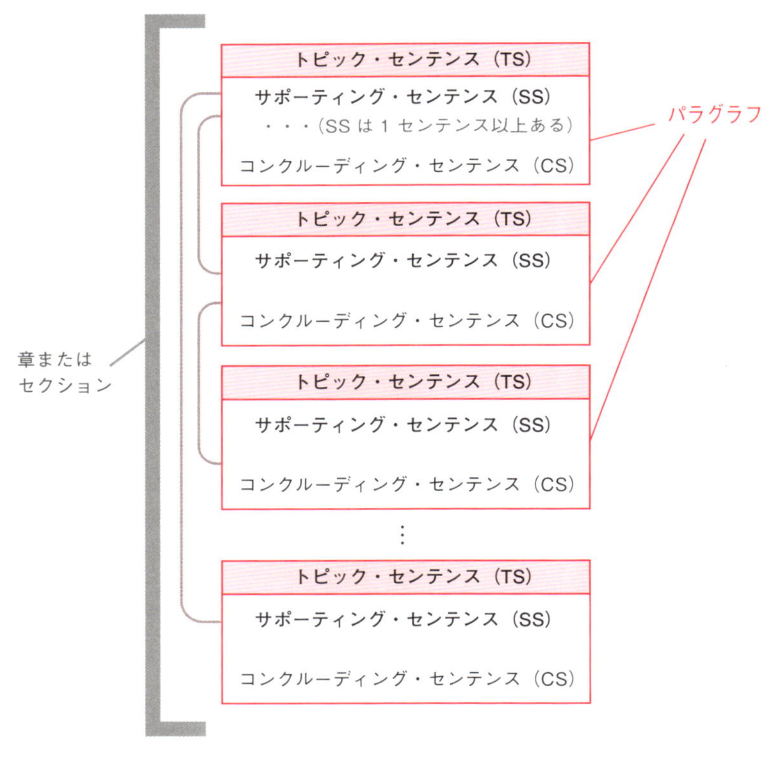

図 14.1　英文の基本構造

[†2] ただし、日本語の科学論文は、パラグラフ構造に従います。

合、「たぶん、こう言いたいのだろう」と、読者は書き手の意図を推測しながら読みます。しかし、英文ではパラグラフはTSから始まると決まっていますから、このような推測した読み方はしてくれません。つまり、日本語と同じ感覚で“思いのままに”英文を書いてしまうと、読み手に伝わらない文章となってしまいます。

「大事な情報がパラグラフの先頭にある」というのは、英文を書くときだけでなく、読むときにも意識すべきことです。論文を読む際、特に論文のbody（本体）部分は、パラグラフの最初の1文を読んでいけばおおよその内容をつかむことができます。

2 パラグラフを有機的につなげる transition markers（つなぎ言葉）

センテンスやパラグラフを論理的につなげる**「つなぎ言葉」には、接続詞（and, but, because, since）、接続副詞（however, therefore, moreover, also）、指示語（this, that）、代名詞（he, she, it, they）があります**。これらを効果的に使うことが大事です。一方で、日本人は使いすぎる傾向があるとも言われているので注意が必要です。特に、学生の英文に散見されるのが、**文頭のAnd, But, So**です。これらは二つ以上のセンテンスを結ぶ等位接続詞であり、文頭に独立して置く、副詞的な使い方は本来文法的に間違いです。口頭でついこれらを使ってしまうので、書くときにも転用してしまうのでしょう。むしろ、センテンスが論理的な流れになっていれば、接続詞はいらないはずです。使いすぎていると思われる場合は、思い切って接続詞を取ってしまいましょう。それでも意味が通じる場合は、ない方が読みやすい文となります。

 重要な情報は繰り返される

先ほど、英文は“あるべき情報があるべき場所にある”と述べました。このほかに、もう一つ着目して欲しいのが、重要な情報の鍵となる単語（**キーワード**）です。これらの単語が論理の流れを作っている場合は多く、同義語や同意語などに形を変え、代名詞となって繰り返し使用されます。慣れるまでは捉えにくいかもしれませんが、鍵となる単語が分かると英文を読む際の助けとなりますので、まずは繰り返し出現する単語に着目しましょう。

CHAPTER 15

「英語科学論文」の基礎知識

論文の基本型 IMRAD

Chapter13-2 で説明したように、英語の文章には型があります。論文の文章構成（型）は、図 15.1 のような Introduction（研究の背景）、Methods and Materials（研究方法や研究材料）、Results（研究結果）、and Discussion（結果の議論）となっています。頭文字をとって、**IMRAD** と呼ばれています。自然科学系の論文に限らず、他の分野の論

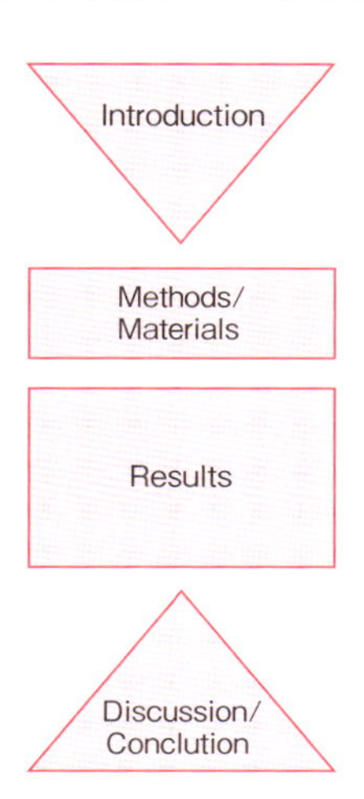

図 15.1　論文の基本的な構成（IMRAD）

文でも基本的にはこの構造です。ほとんどの場合、Discussionの後ろにはConclusion（まとめ）があります。

2 投稿規定を確認しよう

では、科学系の論文は、より具体的にはどのような型を持っているのでしょうか。科学者のDiscourse Communityに共通の認識があるとすれば、科学論文にもある程度決まった構造や、期待される内容があるはずです。それを知るには、まず読んでみたい、または論文を投稿してみたい科学雑誌（ジャーナル）の**投稿規定**を見ます。投稿規定はSubmission guidelineなどと呼ばれ、論文を投稿する際の様々なルールです。To the authorsやGuides for authorsと書かれている場合もあります。論文に入れる内容や文字数、書式など、ジャーナルにより定められた決まりがあり、投稿する論文はこれに沿っていなければ受け付けてくれません。もしはっきりとした自分の研究分野があれば、その分野のジャーナルのホームページを見てみましょう。

さっそく、有名科学雑誌の投稿規定を見ていきましょう。ここで紹介するのは、インパクトファクターの高い[†1]雑誌CellのFormatting Guidelinesです。Information for Authors（https://www.cell.com/cell/authors）のページにあります。

論文に必要な内容が順を追って示されています。まず、titleタイトル、authors著者、affiliations著者の所属、e-mail addresses連絡先などの情報があり、論文本体は**Summary**, **Introduction**, **Results**, **Discussion**の順番で書く、と指定があります。**Summary**は**Abstract**と同じで論文の要旨です。Cellの場合、Methodsは本文には入れず

[†1] ジャーナルの影響度を評価する指標の一つ。掲載論文の引用回数より算出する。

Formatting Guidelines

All research article formats at Cell Press generally contain the following sections in this order: title, authors, affiliations, author list footnotes, corresponding author(s) e-mail address(es), Summary, Introduction, Results, Discussion, Acknowledgments, Author Contributions, Declaration of Interests, References, figure titles and legends, tables with titles and legends, STAR Methods, and Supplemental Information titles and legends. The text (title through supplemental legends) should be provided as one document. Figures, Supplemental Information, Graphical Abstract, and the Key Resources Table should be provided separately.

に本文の後で詳述します。さらに、Acknowledgments（研究協力者などへの謝辞）やReferences（参考文献）が続き、Supplementary information（付属的な情報、図表や凡例など）は最後です。IMRADの構造は多くのジャーナルに共通のものですが、このようにジャーナルによって多少の差異があります。投稿規定をきちんと確認するようにしましょう。

Let's Try ★やってみよう

山中伸弥先生のiPS細胞の論文もCellに掲載されました[†2]。
山中先生の論文もIMRADの構成になっているか見てみましょう。

[†2] K. Takahashi, S. Yamanaka, *Cell*, **126**(4), 663-676 (2006).

コラム プロジェクト発信型英語プログラム

立命館大学では、4つの理系学部で「プロジェクト発信型英語プログラム」(Project-based English Program: 通称PEP) を展開しています。これは、学部1～3回生向けの英語の必修科目(3回生秋学期は選択科目) のことですが、いわゆる受け身的な英語の講義とは異なり、"英語で発信すること"に重点を置いたカリキュラムです(表)。つまり、PEPの目的は、理系学生の英語発信能力の強化なのです。

表 PEPのカリキュラム(一部)

学年	内容
1	• セルフアピール(自己紹介) • アンケートやインタビューによる調査方法の習得
2	• ディベート • パネルディスカッション • アカデミック・ライティング(2000ワードの小論文)
3	• 科学的手法を用いた調査(グループで行う) • ポスター発表 • 動画による発表

"プロジェクト"とは、学生が自ら決めたテーマや問い(リサーチクエスション)であり、それを調査し、成果を英語で発表(発信)します。テーマは学生自身が好きなことや興味・関心事から設定して良いことになっていますが、3回生にもなると理系の専門的なテーマを扱うようになります。「関心事の探求」→「英語での成果発表」という流れは、卒業研究を行う前の学生の下地に

もなります。実際に、研究室に配属される前の３回生はグループでリサーチを行い、学会さながら多くの観客の前で、英語でポスター発表を行います（図）。

表のいずれの内容も、ICT（情報通信技術）を駆使しながら成果を英語で発信するというPEPの基本方針のもとで行われ、学生は上回生になるにつれて堂々と英語で発表できるようになります。なお、PEPのより詳しい内容については以下のサイトをご覧ください。

＊立命館大学 プロジェクト発信型英語プログラム
http://pep-rg.jp/

図　３回生のポスター発表の様子

CHAPTER 16

研究の要旨を読んでみよう

 要旨の基本構成 ―「投稿規定」で確認しよう

論文のおおよその構成が分かったら、研究の要旨（Abstract）を読んでみましょう。Chapter13でも説明したように、要旨は論文の要約で、基本的にはどのジャーナルでも無料公開されています。PubMedなどのデータベースには多数のジャーナルの要旨がまとめてありますから、そこでさっと目を通し、必要な論文のみ全文を入手すればよいのです。

要旨に書かれている内容を知るために、また「投稿規定」を参照します。要旨は研究の縮約版であり、論文本体と同様にIMRADの4つの構成を基本としています。次ページはNatureの投稿規定で、Abstractのワード数、内容に関するルールなどが書かれています。5つの文に分けたので、読んでみてください。

Formatting Guidelines

Articles have **(1)** a summary, separate from the main text, of up to 150 words, which does not have references, and does not contain numbers, abbreviations, acronyms or measurements unless essential. **(2)** It is aimed at readers outside the discipline. **(3)** This summary contains a paragraph (2-3 sentences) of basic-level introduction to the field; a brief account of the background and rationale of the work; **(4)** a statement of the main conclusions (introduced by the phrase "Here we show" or its equivalent); and **(5)** finally, 2-3 sentences putting the main findings into general context so it is clear how the results described in the paper have moved the field forwards.

(1) ワード数： 150 ワードまでで本文とは切り離すこと、必要でない限りは参考文献や、数字、略語などは入れない、とあります。150 ワードですから非常に簡潔にまとめなければなりません。ジャーナルにより異なりますが、Abstract は通常 150-250 ワード程度です。

(2) 対象とする読者： readers outside the discipline は readers in other disciplines と同じで、「研究分野以外の人」です。広い読者層を対象としているため、誰が読んでも理解できるように読み手を意識した書き方が求められます。

(3) 要旨の内容： まず 2-3 行で、**研究の背景** と、rationale of the work（**理論的根拠**）を書きます。研究の理論的根拠とは、「なぜこの研究をする必要があるの？」ということです。科学論文の場合はかなり明白で、"先行研究でまだなされていないから"、"まだ明らかにされていない事象があるから" です。Research Gap (**先行研究との隙間**) とも呼ばれます。

(4) 要旨の内容： main conclusions は、この**研究で分かったこと、つまり発見**です。Nature では、Here, we show で始めるという指定があります。つまり、この表現があると、そこだけを読めば、この研究の新しい発見や実験・調査結果が分かるということです。

(5) 要旨の内容： 最後は、2-3 行で、本研究結果がこの分野の研究をどのように進展させるかを明確に記述 (it is clear how the results described in the paper have moved the field forwards.) します。一言でいえば、「**本研究の貢献** (知への貢献)」です。例えば、この研究結果が具体的な病気を治癒させるきっかけとなるといったようなことや、ある応用につながるといったようなことを述べます。

Nature の Abstract を IMRAD の構成に当てはめると、Introduction (研究の背景と論理的根拠)、Results (研究の結果)、Discussion and Conclusion (結果の考察と結論) となり、Methods and Materials については詳述しないことが多いようです。一方で、例えば、権威ある医学雑誌 The New England Journal of Medicine (NEJM) では、4 つの独立したパラグラフに分けた典型的な IMRAD 情報を要求しています。

Check!

自分の研究分野のジャーナルの「投稿規定」を見て、必要事項を確認してみましょう。

表 16.1 に要旨の内容をまとめました。これら全ての情報が入っていなければならないというわけではありません。先に見てきたように、ジャーナルや分野によっても異なるからです。しかし、どの分野においても、要旨の大きなストーリーの流れとしては、「これまでの研究から

○○（ある事象）であることが分かっている。」**しかし**「まだ未知な部分がある。」**したがって**「我々はそれを知るために本研究を行った。」**その結果**「○○であることが分かった。」となります。この流れで要旨を読み、書くということを覚えておきましょう。

表 16.1　要旨の内容

	セクション		内 容
1	**Introduction** Presenting background information （研究の背景となる情報）	1	Defining terms, objects, or process or phenomenon 研究の対象となる専門用語や現象について定義する。
		2	Referencing to established knowledge in the field /Describing what is known 先行研究ですでに分かっていることを述べる。
		3	Identifying the gap in the current knowledge これまでに明らかにされていないことを述べる。
		4	Stating the purpose directly 本研究の目的を述べる。
		5	Announcing the main findings of this research 本研究の主な発見について述べる。
2	**Methods** Describing the methodology （実験の方法や手順を述べる）	6	Describing the procedure and condition 本研究の手順や状態を述べる。
3	**Results** Summarizing the findings （研究結果の要点を述べる）	7	Describing the research findings 本研究の結果を述べる。
4	**Discussion/Conclusion** Discussing the research （研究結果を議論する）	8	Deducing the conclusions from the results 研究結果から結論を述べる。
		9	Evaluating the value of the research 本研究の重要性を述べる。
		10	Presenting implications of new knowledge in the field この研究分野における本研究の貢献について述べる。

 頻出表現をヒントにして読んでみよう

要旨の構成要素は理解できても、実際に読んでみるとIMRAD全ての情報が入っていない場合もあり、戸惑うことが多いものです。そうしたときに内容把握のヒントとなる頻出表現があり、それを**ヒント表現**（Hint expressions）と呼んでいます。例えば、The purpose of this study is... と書いてある一文には研究の目的が書いてあると判断します。このようなヒント表現を手がかりに、内容をおおよそつかむことから始めてみましょう。ここでは、健康に関係のある疫学分野の要旨を取り上げます[†1]。まずタイトルからどのような内容の論文か推測してみてください。

> Perceived Environmental Factors Associated with Physical Activity among Normal-Weight and Overweight Japanese Men

平均的体重（Normal-Weight）と肥満の日本人男性（Overweight Japanese Men）の運動（Physical Activity）に関係する環境要因について、ですね。平均的体重の男性と肥満男性を対象に行った調査で、運動をしているのかどうか、またそれが特定の環境に関係しているのかという内容です。Perceivedというのは調査対象者が認識しているという意味です。適切な運動が健康に良いとはよく言われていますが、それが住んでいる環境に関係しているとは興味深い研究ですね。

ではまずざっと次の要旨に目を通してどのようなことが書かれているのか把握してみてください。読みながら、表16.1の4つのIMRADセクションに分けてみましょう。内容のヒントとなる表現に注目してくだ

[†1] Yung Liao, *et al.*, *Int. J. Environ. Res. Public Health*, **8**(4), 931-943 (2011).

さい。例えば、研究の背景となる情報には、「先行研究で分かっていること」、「まだ分かっていないこと」、「本研究の目的や重要性」が書かれているはずですから、「まだ分かっていないこと」を示す表現や、「本研究の目的」を示す表現があるはずです。

Abstract

Although it is crucial to examine the environmental correlates of physical activity (PA) for developing more effective interventions for overweight populations, limited studies have investigated differences in the environmental correlates on body mass index (BMI). The purpose of the present study was to examine the perceived environmental correlates of PA among normal-weight and overweight Japanese men. Data were analyzed for 1,420 men (aged 44.4 ± 8.3 years), who responded to an internet-based cross-sectional survey of answering the short version of the International Physical Activity Questionnaire and its Environment Module. Binary logistic regression analyses were utilized to examine the environmental factors associated with meeting the PA recommendation (150 minutes/week) between the normal-weight and overweight men. After adjusting for socio-demographic variables, common and different environmental correlates of PA were observed among normal-weight and overweight men. Furthermore, significant interactions regarding PA were observed between BMI status and two environmental correlates: access to public transportation ($P = 0.03$) and crime safety during the day ($P = 0.01$).The results indicated that BMI status is a potential moderator between perceived environmental factors and PA and suggested that different environmental intervention approaches should be developed for overweight populations.

4つのセクションに色分けをすると以下のようになります。それぞれの内容の決め手となるヒント表現を赤色で記しました。

Abstract

[Introduction] Although it is crucial to examine the environmental correlates of physical activity (PA) for developing more effective interventions for overweight populations, limited studies have investigated differences in the environmental correlates on body mass index (BMI). The purpose of the present study was to examine the perceived environmental correlates of PA among normal-weight and overweight Japanese men. **[Methods]** Data were analyzed for 1,420 men (aged 44.4 ± 8.3 years), who responded to an internet-based cross-sectional survey of answering the short version of the International Physical Activity Questionnaire and its Environment Module. Binary logistic regression analyses were utilized to examine the environmental factors associated with meeting the PA recommendation (150 minutes/week) between the normal-weight and overweight men. **[Results]** After adjusting for socio-demographic variables, common and different environmental correlates of PA were observed among normal-weight and overweight men. Furthermore, significant interactions regarding PA were observed between BMI status and two environmental correlates: access to public transportation (P = 0.03) and crime safety during the day (P = 0.01). **[Discussion and Conclusion]** The results indicated that BMI status is a potential moderator between perceived environmental factors and PA and suggested that different environmental intervention approaches should be developed for overweight populations.

Introduction に相当する情報として、“平均以上の体格を持つ人たちに効果的な介入をするために、運動に関係する環境要因を調べることが重要であるが（Although it is crucial to...）、体格指数（BMI: Body Mass Index）を基準とした環境の違いを調査した研究は限られている（limited studies have investigated）”とあり、「研究の背景」と「まだ分かっていないこと（先行研究との隙間）」が書かれています。また、「研究の目的」はヒント表現 The purpose of the present study was to... から始まる一文で、平均的体重と肥満の日本人男性の運動に関係する環境要因について調査することです。

Methods は研究手順の箇所ですが、Data were analyzed（データは分析された）というヒント表現から始まる一文が鍵となっています。1420人の男性を対象にインターネットでアンケートによる大規模な調査を行ったとあります。また、環境要因を特定するために統計解析（回帰分析）を行って（were utilized to examine...）います。統計手法を述べる際には、utilize や use が使われています。

Results は本研究の発見や分かったことですので、調査や実験から「観察された」（were observed）という表現が決めてです。この論文では、“平均的体重の男性と肥満男性とでは適切な運動をするしないに関係する環境要因の違いが明らかとなり、公共交通機関へのアクセスのしやすさと、運動する際の近隣の環境の安全性という二つの要因が浮かび上がった”と示されています。

Discussion and Conclusion は、「この結果が示唆しているのは（The results indicated that...）」から始まる一文です。「調査結果から、体格が運動と環境要因の変数に関係しており、肥満男性には異なる環境上の介入が必要であることが分かった（suggested that）」と示唆が述べられています。

このように、ヒント表現を手がかりに内容を分けることができれば、要旨が読め、論文の概要が分かるようになります。そして、さらに詳しい分析結果が知りたい、分析結果の考察部分が読みたいとなれば、全文（pdf ファイル）を入手して、要旨の文に対応する本文の箇所を詳しく読めばよいのです。

3 動詞の時制や助動詞・副詞にも注意しよう

内容を把握する際には、ヒント表現だけでなく、動詞の**時制**にも気をつけてください。Introduction で「専門用語や事象を説明する」場合には、動詞は現在形にしますが、現在形はとても強い時制です。はっきりと分かっている場合にのみ用います。**教科書に載っているようなこと（例、万有引力の法則、相対性理論）は全て現在形です**。一方で、**先行研究で「これまでに分かっていること」「まだ分かっていないこと」や Results は、過去形や現在完了形で書きます**。

Discussion and Conclusion では、仮説を 100% 証明することは困難なので、断言を避ける表現が使われます。例えば、仮説に合わないデータ（反例）を一つ示したら、100% 正しいと言えなくなるので断定する表現は使えません。Chapter16-2 の例に見られるような、indicate や suggest など推論の過程を示す動詞（Chapter4-2）が多く使われます。また、may, might, could, would など“〜かもしれない”といったあいまいな意味合いを含む助動詞や、possibly（possible, possibility）， potentially（potential）などの可能性を示す副詞などと併せて現在形で書くこともあります。こういった副詞を使えるようになるのはなかなか難しいので、論文を読んでいるときに良い表現が見つかればメモをとっておきましょう。使ってみたい単語や表現を集めておくと自分なりの単語帳ができるのでお勧めです。

日本語訳

過体重の集団に対する、より効果的な介入を開発するには、身体活動（PA）の環境要因を調べることが重要であるが、ボディ・マス指数（BMI）における環境要因の違いを調査した研究は限られている。本研究の目的は、正常体重と過体重の日本人男性のPAの環境要因を調べることである。

国際標準化身体活動質問紙（IPAQ）Short Versionとその環境モジュールに回答する横断的調査に応答した1,420人の男性（44.4 ± 8.3歳）のデータを分析した。正常体重の男性と過体重の男性のPAの推奨（150分/週）充足と関連する環境要因を調べるため、二項ロジスティック回帰分析を用いた。社会人口統計学的因子による調整後、正常体重と過体重の男性間で、共通的または異なる環境要因が観察された。更に、PAに関する有意な相互作用が、BMIの状態と2つの環境要因との間で観察され、それは公共交通機関へのアクセス（$P = 0.03$）と日中の犯罪からの安全性（$P = 0.01$）であった。

これらの結果は、BMIの状態が、知覚される環境因子とPAの間の潜在的な調整要因であることを示し、過体重の人々に対して異なる環境介入アプローチが開発されるべきであることが示された。

CHAPTER 17

研究の要旨を書いてみよう！

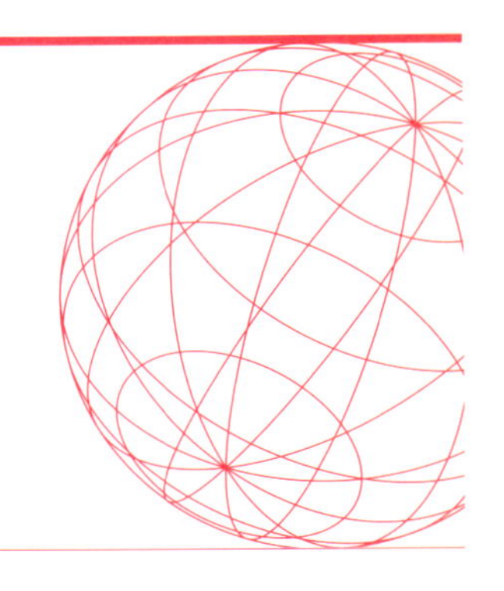

要旨が読めるようになったら、次は自分の研究の要旨を英語で書いてみましょう。いきなり英語で書くのは誰でも難しいもの……。まずは日本語できちんと書けることが大事です。それができたら、日本語の要旨をもとにIMRADの基本構造（表16.1参照）の型でヒント表現を適宜使い、英文にしていきましょう。ここでは、各セクションでよく使用されるヒント表現を、書き方の注意点とともに紹介します。

1 Introduction（研究の背景となる情報）

これまでに明らかにされていることを述べ、先行研究でまだ分かっていないこと、そして研究の焦点（目的）の流れで書きます。

❶ 研究の対象となる専門用語や現象について定義し、先行研究ですでに明らかにされている事柄について述べる場合に、以下の表現を使ってみましょう。

▶ X is (does) Y.
X は Y である。

現在形は強い表現です。
明らかな事実にのみ使います。

▶ X **is known as** Y.
XはYとして知られている。

▶ X **is known to be** (one of the major causes of Y).
Xは（Yの最大の原因の一つ）として知られている。

▶ X **is thought to** be (one of the major causes of Y).
Xは（Yの最大原因の一つ）であると考えられている。

❷ 先行研究で明らかにされた事柄は、find, show, demonstrate などの動詞を現在完了形で次のように表します。

▶ **We have previously found that** X.
我々はこれまでにXを発見した。

▶ **We have recently demonstrated that** X.
我々は最近（の研究で）Xを証明した。

▶ X **has been shown** to have Y.
XはYを持つと示されてきた。

❸ 研究の対象となる現象が重要であることを述べる表現も多く使用されます。

▶ X **is critical for** Y.
X は Y にとって重要である。

▶ X **is essential for** Y.
X は Y にとって必須である。

▶ X **is the most important factor for** Y.
X は Y に最も重要な要因である。

▶ X **is the greatest / a major risk factor for** Y.
X は Y にとって最大の / 大きな危険因子である。

❹ 先行研究でまだ分かっていないことを書く場合に、最も頻度の高い動詞は **remain** です。その他の表現と合わせて覚えておくと便利です。

▶ **However,** X **remains unknown / unclear / uncertain / poorly understood.**
しかし、X については分かっていない。

▶ **However, we know little about** (how X does Y).
しかし、（どのように X が Y であるか）について我々はほとんど分かっていない。

▶ **However,** (the role of X) **has not yet been elucidated.**
しかし、(X の役割は) まだ明らかにされていない。

▶ The mechanisms **underlying X are incompletely understood.**
X の基礎となるメカニズムについてはまだ完全には分かっていない。

▶ **Owing to the absence of X, Y is unknown.**
X がないため、Y は知られていない。

▶ **X is a clinical concern, but its causes are puzzling.**
X は臨床上の関心事 (懸念) ではあるが、その原因は不明である。

❺ 研究の目的を述べるときには、不定詞 (To + 動詞の原形) を使う場合が多いようです。Chapter16-2 に出てきた The purpose of the present study is ～という表現は、実はあまり使用しません。以下の表現の他に、Here, we aimed to を使うことがあります。

▶ **In this study, to investigate** X, we analyzed Y.
本研究では、X を調べるために、我々は Y を分析した。

▶ **To investigate** X, we analyzed Y, revealing Z.
X を調べるために、我々は Y を分析し、その結果 Z を明らかにした。

▶ **To examine** X, we screened Y.
X を調べるために、我々は Y を選別した。

To solve a problem, we developed a new method called X.
その問題を解決するために、我々はXという新しい方法を開発した。

2 Methods（実験の方法や手順）

実験の方法や手順は、必要最低限の情報のみで、詳しくは記載しません。また、Using を用いて実験方法と結果を同時に一文で書くことが多いです。時制は過去形です。

The accuracy of the system **was validated by** X.
X を用いてそのシステムの正確さを検証した。

In this work, X **was synthesized for** Y.
本研究では、X は Y のために合成された。

In this study, X **was utilized as** Y.
本研究では、X は Y として使用された。

Using X, we identified Y.
X を用いて、我々は Y を明らかにした。

These effects were studied **using** X.
これらの効果は X を用いて研究された。

3 Results（研究結果）

研究結果を提示する動詞は様々ありますが、「（研究結果から）分かる」はfindが一般的です。気をつけなければならないのは、意味は似ていても使い方の異なる動詞が多々あることです。例えば、「（研究結果を）示す」という動詞には、show, indicate, demonstrateなどがありますが、showが「示す」という意味の最も一般的に使われる動詞であるのに対し、indicateは「（実験などで得た結果が）示す」、demonstrateは「（証拠を提示してはっきりと）示す、明示する、実証する」であり、使い方が異なります。日本語の意味に安心せず、その動詞が持つ本来の意味をよく理解して使いましょう。

▶ **We found that** (X is associated with Y).
我々は（XがYと関係すること）を見出した。

▶ **We showed that** (X correlates with Y).
我々は（XがYと関係すること）を明らかにした。

▶ **We identified that** X is Y.
我々はXがYであることを同定した。

▶ **We detected** X and **found that** Y.
我々はXを検出し、Yであることが分かった。

研究結果をいくつか記載する場合の接続副詞も覚えておくと便利です。**In addition, Moreover, Furthermore, Also, Additionallyなどを文頭に使うとよいでしょう**。また、比較の表現や、統計結果を示す表現なども使われます。

▶ X **is larger than** Y.
XはYより大きい。

▶ Regarding X, **no difference was observed as compared to** Y.
Xに関して、Yと比べて違いは見られなかった。

▶ Under these conditions, X **showed the highest** Y **compared with** Z.
これらの条件下では、Zと比べてXが最も高いYを示した。

▶ X **was lower (*P* < 0.05) than** Y.
XはYより（*P*値が0.05以下で有意に）低かった。

▶ We found that X **contains significantly lower** Y **than** Z.
我々は、XがZと比べて有意に低いYを含んでいるのを発見した。

4 Discussion and Conclusion（結果の考察・結論）

このセクションでは、研究結果から考察される事象を、**推論の動詞**（indicate, suggest など）や**推量の助動詞**（may, can, could など）を用いて説明します。一つでも異なるデータが出た場合、決定的な結果とは言えないからです。研究結果のまとめの表現として、**Together, Taken together, Collectively, Thus, In conclusion, Overall, Finally などの副詞が文頭に置かれます**。

▶ **Our study indicates that** (X does Y).
我々の研究は（XがYである）のを示している。

▶ **Our data suggest that** X.
我々のデータはXであることを示唆している。

▶ **All the results suggest that** X.
これら全ての結果はXであることを示している。

▶ X **can** be beneficial in Y.
XはYにおいて有益でありうる。

▶ **Taken together,** these studies delineate X.
まとめると、これらの研究はXを詳述している。

▶ **Overall,** our findings illustrate that X.
結局のところ、我々の知見はXであることを説明している。

▶ **In conclusion,** X **may** have potential in Y.
結論として、XはYにおける可能性を持つかもしれない。

要旨が書けたらp. 21のチェックリストで最終確認をしましょう。

Let's Try ★やってみよう

「あぶすと！」（http://pep-rg.jp/abst/）は研究の要旨が書けるようになる執筆支援ツールです。このような便利なツールも利用してみましょう（p.138 コラム参照）。

図 17.1 「あぶすと！」で要旨を書いてみよう

CHAPTER 18

研究室の先生にチェックしてもらおう

自分で要旨が書けたら、研究室の先生に見てもらいましょう。最初は真っ赤に添削され原形を留めないかもしれませんが、修正された箇所をよく見直しておきましょう。そうすれば、次回はもっと良い要旨が書けるようになるはずです。積極的に研究発表の機会を得て投稿要旨を書きましょう。

ここでは、学生の要旨を著者（西澤）が添削した例を紹介します。総語数239ワードで少し長めです。研究室の先生が添削するのは、

(1) 科学的な間違い（用語や用法、操作法の間違い）の修正
(2) 意味が分かりにくい表現（曖昧な表現や、英語表現の間違い）の修正
(3) 表現や用語を統一し、要旨のきまりに沿う形式への変更

の3点です。何が修正されているのか、添削のポイントを見てみましょう。

1 学生が提出した要旨

「スイカズラ（*Lonicera japonica*）の花の蕾（つぼみ）成分が肝細胞における一酸化窒素の産生を抑制する」という内容の原稿です。（添削の過程を説明するための架空の要旨です。）

Abstract

Backgrounds: Flower buds of *Lonicera japonica* have been traditionally used for the treatment of inflammatory disease in East Asia. It has been proved that chlorogenic acid, a constituent of flowers of *Lonicera japonica*, alleviated lipopolysaccharide-induced liver inflammation and hepatic death (Johnson *et al*., 2001). However, which constituents are responsible for anti-inflammatory effect remains to be investigated. In this study, we evaluated potency of fractions of a *L. japonica* flowers extract by monitoring production of pro-inflammatory mediator NO in interleukin (IL)-1β-treated hepatocytes.

Methods: Two hundred and one grams of flower buds of *L. japonica* (Aichi Prefecture, Japan) were extracted by methanol. The extract was fractionated into ethyl acetate-soluble (A), *n*-butanol-soluble (B), and water-soluble (C) fractions by hydrophobicity. Hepatocytes prepared from Wistar rats were treated with IL-1β and each fraction. NO production in the medium was then measured.

Results: A *L. japonica* flowers extract (51g) was fractionated into fraction A (31%), fraction B (12%), and fraction C (57%), respectively. Fractions A and B dose-dependently suppressed NO production in IL-1β-treated hepatocytes, whereas fraction C did not significantly suppress NO production.

Discussion: Our data suggest that fractions A and B of *L. japonica* flowers extract suppressed NO production. Active constituents may be contained in fractions A and B, respectively. These constituents may show anti-inflammatory effects. Although it is known that chlorogenic acid is included in fraction C, isolation and identification of other constituents in a flowers of *L. japonica* extract are in progress.

(239 words)

日本語訳

背景： スイカズラの花蕾（からい）（つぼみ）は東アジアで炎症性疾患の治療に使われる伝統医薬である。スイカズラ花蕾に含まれる成分であるクロロゲン酸は、リポ多糖により惹起した肝臓の炎症と壊死を軽減することが報告されている（Johnson ら、2001 年）。しかしながら、抗炎症効果を示す成分については未だ解明されていない。本研究では、IL-1β 処理した肝細胞における炎症性メディエーターである一酸化窒素（NO）産生量を調べることにより、スイカズラ花蕾の抽出エキスの画分の NO 産生量に与える効果を評価した。

方法： 201 グラムのスイカズラの花蕾（愛知県産）をメタノール抽出した。抽出エキスは、疎水性によって酢酸エチル可溶性画分（A）、*n*-ブタノール可溶性画分（B）、および水溶性画分（C）に分けた。Wistar ラットから肝細胞を調製し、IL-1β と各画分で処理してから、培地中の NO 量を測定した。

結果： スイカズラ花蕾の抽出エキス（51 グラム）は A 画分（31%）、B

画分（12%）、C 画分（57%）に分画された。A 画分と B 画分は、用量依存性に IL–1β 処理肝細胞における NO 産生量を抑制したが、C 画分は NO 産生量を有意に抑制しなかった。

考察： 我々のデータは、スイカズラ花蕾抽出エキスの A 画分と B 画分が NO 産生を抑制することを示唆している。活性成分が A 画分と B 画分に含まれている可能性が考えられ、これらの成分が抗炎症作用を示すかもしれない。クロロゲン酸は C 画分に含まれていることが知られているが、スイカズラ花蕾抽出エキスに含まれる他の成分の単離と同定を現在進めている。

2 先生の添削

●添削 1

まず、科学的な間違いの修正です。用語や用法、操作法の間違いなどを修正した部分を**赤色で太字・下線**にしています。

Backgrounds: Flower buds of *Lonicera japonica* have been traditionally used for the treatment of inflammatory disease in East Asia. ① **It was reported** that chlorogenic acid, a constituent of flowers of *Lonicera japonica,* alleviated lipopolysaccharide-induced inflammation and ② **necrosis of hepatocytes** (Johnson *et al.*, 2001). However, which constituents are responsible for anti-inflammatory effect remains to be investigated. In this study, we evaluated potency of fractions of a *L. japonica* flowers extract by monitoring production of pro-inflammatory mediator NO in interleukin (IL)-1β-treated hepatocytes.

Methods: Two hundred and one grams of flower buds of *L. japonica* (Aichi Prefecture, Japan) were extracted by methanol. The extract was fractionated into ethyl acetate-soluble (A), *n*-butanol-soluble (B), and water-soluble (C) fractions by hydrophobicity. Hepatocytes prepared from Wistar rats were treated with IL-1β and each fraction. NO production in the medium was then measured.

Results: A *L. japonica* flowers extract (③**51 g**) was fractionated into fraction A (31%), fraction B (12%), and fraction C (57%), respectively. Fractions A and B dose-dependently suppressed NO production in IL-1β-treated hepatocytes, whereas fraction C did not significantly suppress NO production.

Discussion: Our data ④**indicate** that fractions A and B of *L. japonica* flowers extract suppressed NO production⑤**, suggesting that constituents that possess anti-inflammatory effects may be contained in these fractions.** Although it is known that chlorogenic acid is included in fraction C, isolation and identification of other constituents in a flowers of *L. japonica* extract are in progress.

修正理由

① prove という動詞は「(明らかに) 証明する」であり、意味が強すぎるので、ふつうは使いません。report (報告する) にしました。

② hepatic death を necrosis of hepatocytes に修正しました。肝細胞 (hepatocytes) にしなければならないところを肝臓の (hepatic) とし

ているので用語の修正です。

③ 数字と単位の間には必ずスペースを入れます。

④⑤ 実験結果を示すときはsuggestを使いません。ふつうindicateやshowの後には実験結果が、suggestやimplyの後には自分の考え（考察）が来るようにします。

●添削2

次に意味が分かりにくい表現の修正です。曖昧な表現や、英語表現の間違いを修正した部分を**茶色で太字・下線**にしています。

Backgrounds: Flower buds of *Lonicera japonica* ①**have been used as traditional medicine** ②**to treat** inflammatory disease in East Asia. It was reported that chlorogenic acid, a constituent of flowers of *Lonicera japonica*, alleviated lipopolysaccharide-induced inflammation and necrosis of hepatocytes (Johnson *et al.*, 2001). ③**It remains to be investigated which constituents are responsible for anti-inflammatory effects**. In this study, we evaluated potency of fractions of a *L. japonica* flowers extract by monitoring production of pro-inflammatory mediator NO in interleukin (IL)-1β-treated hepatocytes.

Methods: ④**Flower buds** of *L. japonica* (Aichi Prefecture, Japan**;** **201 g**) were extracted by methanol. The extract was fractionated into ethyl acetate-soluble (A), *n*-butanol-soluble (B), and water-soluble (C) fractions by hydrophobicity. Hepatocytes prepared from Wistar rats were treated with IL-1β and each fraction. NO production in the medium was then measured.

Results: A *L. japonica* flowers extract (51 g) was fractionated into fraction A (31%), fraction B (12%), and fraction C (57%), ⑤ ~~respectively~~. Fractions A and B dose-dependently suppressed NO production in IL-1β-treated hepatocytes, whereas fraction C did not significantly suppress NO production.

Discussion: Our data indicate that fractions A and B of *L. japonica* flowers extract suppressed NO production, suggesting that constituents that possess anti-inflammatory effects may be contained in these fractions. Although it is known that chlorogenic acid is included in fraction C, isolation and identification of other constituents in a flowers of *L. japonica* extract are in progress.

修正理由

① traditionally usedでは、「伝統医薬」の意味が明らかでないため、traditional medicineとしました。

② for the treatment ofと名詞句にするよりも、to treatと動詞を使ったほうが直接的で分かりやすいです。日本語訳に引きずられて名詞を使いがちですが、動詞が使えないか考えてみましょう。

③ which constituents are responsible for anti-inflammatory effect remains to be investigated.では主語が長すぎて文法的にもおかしいので、Itを仮主語にwhich以下を受ける形にしました。It remains to be ～は「まだ～でない」で、It remains to be seen who will win.（誰が勝つか分からない）などの表現があります。

④ Two hundred and one grams of flower budsという形で数字を文頭に出すのは文法的に正しいのですが、見た目で分かりにくいので、

201 gとしてカッコ内に入れました。

⑤ respectivelyは対応関係があるときに使い、ここでは不要です。例えば、The retention time of the compounds **1** and **2** was 6.4 and 11.5 min, respectively. のような場合は、化合物**1**（compound **1**）の保持時間（retention time）が6.4 min、化合物**2**の保持時間が11.5 minと対応関係にあるのでrespectivelyが使われます。

●添削3

最後に、表現や用語を統一し、要旨のきまりにそって修正しました。修正した部分は**薄い赤色の太字・下線**です。

Backgrounds: ①**Flower buds of *Lonicera japonica* (FLJ)** have been used as traditional medicine to treat inflammatory disease in East Asia. It was reported that chlorogenic acid, a constituent of **FLJ**, alleviated lipopolysaccharide-induced inflammation and necrosis of hepatocytes ②~~(Johnson *et al.*, 2001)~~. It remains to be investigated which constituents are responsible for anti-inflammatory effect. In this study, we evaluated potency of fractions of **FLJ extract** by monitoring production of pro-inflammatory mediator ③**nitric oxide (NO)** in interleukin (IL)-1β-treated hepatocytes.

Methods: **FLJ** (Aichi Prefecture, Japan; 201 g) were extracted by methanol. The extract was fractionated into ethyl acetate-soluble (A), *n*-butanol-soluble (B), and water-soluble (C) fractions by hydrophobicity. Hepatocytes prepared from Wistar rats were treated with IL-1β and each fraction. NO production in the medium was then measured.

Results: FLJ extract (51 g) was fractionated into fraction A (31%), fraction B (12%), and fraction C (57%). Fractions A and B dose-dependently suppressed NO production in IL-1β-treated hepatocytes, whereas fraction C did not significantly suppress NO production.

Discussion: Our data indicate that fractions A and B of FLJ extract suppressed NO production, suggesting that constituents that possess anti-inflammatory effects may be contained in these fractions. Although it is known that chlorogenic acid is included in fraction C, isolation and identification of other constituents in FLJ extract are in progress.

修正理由

① 何度も出てくる固有名詞は、初出はフルネームを書き、以降は略語にします。ここでは Flower buds of *Lonicera japonica* を FLJ と略しました。ワード数も減らすことができます。

② ふつう要旨では論文の引用をしないので削除しました。投稿規定に明記してある場合もあります。

③ nitric oxide は本文中何度も出ていますが、この学生は最初から NO と略語を使っています。初出ではフルネームと略語を併記し、以後略語を使うようにします。

●修正の終わった要旨

3ステップの添削による修正箇所がこれだけありました！　最終的には210ワードになり、分量としても適切です。

Backgrounds: Flower buds of *Lonicera japonica* (FLJ) have been used as traditional medicine to treat inflammatory disease in East Asia. It was reported that chlorogenic acid, a constituent of FLJ, alleviated lipopolysaccharide-induced inflammation and necrosis of hepatocytes ~~(Johnson *et al.*, 2001)~~. It remains to be investigated which constituents are responsible for anti-inflammatory effects. In this study, we evaluated potency of fractions of FLJ extract by monitoring production of pro-inflammatory mediator nitric oxide (NO) in interleukin (IL)-1β-treated hepatocytes.

Methods: FLJ (Aichi Prefecture, Japan; 201 g) were extracted by methanol. The extract was fractionated into ethyl acetate-soluble (A), *n*-butanol-soluble (B), and water-soluble (C) fractions by hydrophobicity. Hepatocytes prepared from Wistar rats were treated with IL-1β and each fraction. NO production in the medium was then measured.

Results: FLJ extract (51 g) was fractionated into fraction A (31%), fraction B (12%), and fraction C (57%)~~, respectively~~. Fractions A and B dose-dependently suppressed NO production in IL-1β-treated hepatocytes, whereas fraction C did not significantly suppress NO production.

Discussion: Our data indicate that fractions A and B of FLJ extract suppressed NO production, suggesting that constituents that possess anti-inflammatory effects may be contained in these fractions. Although it is known that chlorogenic acid is included in fraction C, isolation and identification of other constituents in FLJ extract are in progress.

色と下線を削除した要旨の完成版

Backgrounds: Flower buds of *Lonicera japonica* (FLJ) have been used as traditional medicine to treat inflammatory disease in East Asia. It was reported that chlorogenic acid, a constituent of FLJ, alleviated lipopolysaccharide-induced inflammation and necrosis of hepatocytes. It remains to be investigated which constituents are responsible for anti-inflammatory effects. In this study, we evaluated potency of fractions of FLJ extract by monitoring production of pro-inflammatory mediator nitric oxide (NO) in interleukin (IL)-1β-treated hepatocytes.

Methods: FLJ (Aichi Prefecture, Japan; 201 g) were extracted by methanol. The extract was fractionated into ethyl acetate-soluble (A), *n*-butanol-soluble (B), and water-soluble (C) fractions by hydrophobicity. Hepatocytes prepared from Wistar rats were treated with IL-1β and each fraction. NO production in the medium was then measured.

Results: FLJ extract (51 g) was fractionated into fraction A

(31%), fraction B (12%), and fraction C (57%). Fractions A and B dose-dependently suppressed NO production in IL-1β-treated hepatocytes, whereas fraction C did not significantly suppress NO production.

Discussion: Our data indicate that fractions A and B of FLJ extract suppressed NO production, suggesting that constituents that possess anti-inflammatory effects may be contained in these fractions. Although it is known that chlorogenic acid is included in fraction C, isolation and identification of other constituents in FLJ extract are in progress.

(210 words)

3 研究を"英語で書く"ための Attitude

第3部では、論文の要旨を読み、また書く際のポイントを中心に解説しました。自分で納得できるレベルの要旨や論文が書けるようになるためには、やはり大量の論文を読む必要があります。まずは第3部で得た知識をもとに、できるだけ多く読んでみてください。そうするうちに Chapter17 で紹介したヒント表現などが自然と身につき、英語のカンを養うことができます。読むこともですが、書くことは経験を積むことで慣れてくるので、研究の要点をまとめるつもりで、学会投稿のための要旨を書いてみましょう。**先生に修正してもらった場合は、そのまま書き直して提出するのではなく、なぜ修正されたのかを考えて、次の学会投稿につなげてください**。何度も書いて、書き直すプロセスはつらいものですが、書いたものは残り、英語で書けるようになると世界の研究者に広く知れわたることになります。自分の研究を英語で書けるとかっこいいですよ。常日頃から、こんな表現を使ってみようなどと英語に興味を持ち、研究も英語も磨いて、世界にあなたの研究を発信してください！

コラム「あぶすと！」

Chapter17（p. 124）で紹介した、アブストラクト執筆支援ツール「あぶすと！」は、研究の要旨の大きな流れが書ける便利なツールです。使い方は簡単で、要旨の内容（IMRAD）に沿って、順に適切なヒント表現を選んでいくだけで要旨が完成します。アカデミック・ライティングの初学者でも使うことが可能です。「あぶすと！」は、筆者の一人である山下と、立命館大学生命科学部に所属する大学院生数名が、2017年度に取り組んだプロジェクトにより誕生しました。

「あぶすと！」の作成方法は次の通りです。まず、2015年から2016年にかけて出版された生命科学系の研究論文を約800本集め、要旨部分を抽出しました（p.145参照）。そして、これらの要旨部分をIMRADの各セクションに分け、出現頻度の高い語彙からヒント表現を決め、リスト化しました。それを一つずつ、難易度毎に学部生レベル、院生レベルとカテゴライズ化し、必要に応じて表現が選べるようにツール化しました。本書にも、「あぶすと！」に収録されているヒント表現のうち、重要なものをいくつか載せましたが、「あぶすと！」にはより多くの表現や例文が掲載されています。ぜひ使ってみてください。

また、「あぶすと！」のホームページには、紹介動画もあります。ここに登場している学生は分析を手伝ってくれた大学院生たちです。動画のなかでも院生の一人が説明していますが、ヒント表現が分かるようになると要旨に何が書かれているのか情報を素早くキャッチできるようになります。論文を読み、また書けるようになるために、「あぶすと！」が一助となれば幸いです。

＊「あぶすと！」
ホームページ：http://pep-rg.jp/
ツール：http://pep-rg.jp/abst/

「あぶすと！」はまだ開発途上にあります。ぜひ使用後の感想を、プロジェクト発信型英語 PEP Research Group にお寄せください。
http://pep-rg.jp/contact/

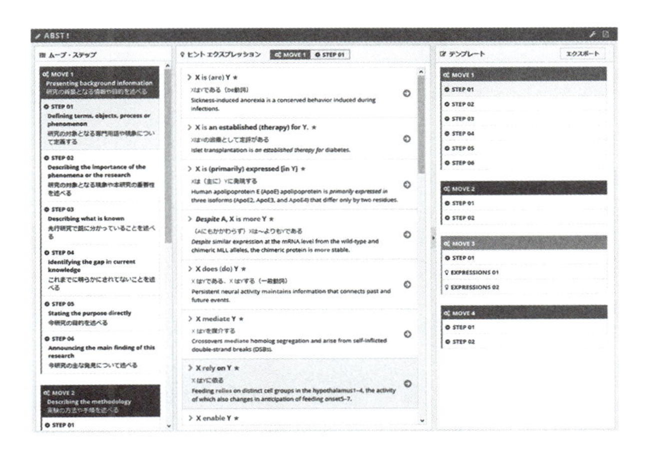

図　「あぶすと！」ツールの画面

［重要用語］

英文校閲（Editing, copy editing）　20, 51
英語ネイティブ・スピーカーによる英文添削のこと。ネイティブ・チェックともいう。冠詞や前置詞の使い分けを含む文法事項だけでなく、文章として意味が通じているか、英語として自然な表現かもチェックする。

エレベータートーク（Elevator talk）　62
きわめて短い時間で、自分が最も伝えたい内容を聞き手にわかりやすく伝えるプレゼンテーションの訓練方法。ポスター発表のショートトークの練習にもなる。（→ショートトーク）

学割（Student fee）　9
学会発表の参加登録をする場合、参加者が学生のときに登録費が割引になること。学生料金。（→参加登録費）

完璧主義（Perfectionism）　42
もっと英語が上手く完全になってから英語発表に挑戦しようと、つい考えてしまう癖のこと。

キーワード（Keyword）　18, 25, 100
重要な情報となる単語のこと。本文中に何度も出てくる単語で、専門用語であることも多い。（→専門用語）

原著論文（Original paper, original article）　3
新しい発見や知見、理論について報告したオリジナルな内容の論文のこと。

口頭発表（Oral presentation）　6, 23, 68, 70
スライドと液晶プロジェクタを使って、決められた時間内で口頭説明すること。口演、講演ともいう。

コーヒーブレイク（Coffee break）　39, 88
学会の発表間の休憩。コーヒー・お茶などの飲み物やお菓子が用意される。発表について質問したり、ディスカッションを行ったりして、知り合いになるきっかけとなる。

懇親会（Reception）　8, 88
学会参加者が集まって飲食しながら、科学的な議論をしたり、共同研究の橋渡しをするパーティーのこと。レセプションあるいはネットワーキングともいう。

査読（Peer review）　10
ピア・レビューともいい、学会で発表可能であるどうか、投稿された要旨の内容を学会本部で確認すること。投稿された論文についても、査読を行う。

参加登録費（Registration fee）　9, 10
学会の参加登録にかかる費用のこと。国際学会の参加は高額で、場合によっては会員登録（membership）が同時に必要なこともある。

ショートトーク（Short talk）　22, 64
ポスター前に座長が来て、発表者が聴衆に短時間で研究内容のあら筋を口頭説明するプレゼンテーションの形式。（→ エレベータートーク）

専門用語（Technical term, terminology）　14, 17, 18, 25, 116
同じ分野の研究者がみな理解できて、意味が一つである言葉。科学的には定義されているが、一般の辞書には載っていない。（→ キーワード）

沈黙（Silent）　39
だまっていること。日本人にとっては美徳だが、外国人はひどく嫌う。

つなぎ言葉（Transition markers）　99
英語のセンテンスやパラグラフを論理的につなげる接続詞。接続副詞、指示語、代名詞のこと。ストーリーを理解しやすくするための言葉。

投稿規定（Guides, guides for authors, submission guideline, instructions など）
16, 19, 102, 106
学会要旨や論文を投稿する際の様々なルールを書いたもの。書き方、フォーマット、ワード数制限などの他、学会要旨の場合には投稿締切日（deadline）が書いてある。学会の雑誌ごとに細部は異なっている。

トピックセンテンス（Topic sentence） 97
パラグラフの最初の文で、パラグラフ中で最も大事な情報が含まれる。主題文ともいわれる。（→ パラグラフ）

ネイティブ・スピーカー（Native speaker） 4
母語を話す人のこと。ほとんどの日本人は日本語のネイティブ・スピーカーである。標準語を話す人も、方言を話す人もネイティブ・スピーカー。

場数（を踏む） 47
多くの経験をして慣れること。本番の英語発表を行って、度胸と柔軟性を高めること。（→ 本番）

パラグラフ（Paragraph） 97
複数の文からなる意味のまとまりのことで、論理的な文章の基本単位となっている。トピックセンテンスの後に、関連する複数の文が続く。（→ トピックセンテンス）

ヒント表現（Hint expressions） 110, 116
論文や発表要旨の内容把握のヒントとなる表現で、頻繁に出てくるもの。この表現を手掛かりに、論文や発表要旨の意味を把握する。

フォーマット（Format） 51, 95
科学論文や発表要旨で決まっている書き方の型や形式のこと。頭文字を取ってIMRAD と呼ばれ、4 つの部分から成る。（→ IMRAD）

ペラペラ信仰　44
話している内容の軽重にかかわらず、言葉を早口でペラペラ話すことが素晴らしいことだと信じること。

母語（Mother tongue）　2
生まれてからはじめて身につけた言語のこと。母国語（= 公用語）とは区別する。たとえば、スイスには母語がドイツ語の人やフランス語の人がいる。

ポスター発表（Poster presentation）　6, 22
ポスターの前に発表者が立って内容を説明し、質問に答える形式のこと。示説、ポスター供覧ともいう。

本番　47, 48
学会発表などで、練習やリハーサルでなく、実際に口演発表を行うこと。間違いや失敗が許されないオーセンティック（authentic）な環境である。（→ 予行演習）

模式図（Scheme）　26
多くの因子の関係を図形と矢印などで示した図のこと。実験結果のまとめによく使われる。

要旨（Abstract, summary）　16, 21, 94, 106
学会発表や論文の内容を簡潔にまとめたもの。論文と同じフォーマット（IMRAD）で書かれる。読み手がまず目にするものであり、重要視される。（→ IMRAD）

予行演習（Rehearsal）　23, 78
研究室のメンバーの前で、本番と同じ時間で発表と質疑応答をしてみること。リハーサル。発表が時間内に収まっているか、わかりやすいか、質問に答えられるかなどを確認する。

予測回答（Questions and answers, Q & A）　29, 78
学会発表の内容に対して予想される質問に対する回答のこと。質疑応答の対策としてつくる。想定問答集ともいう。

割り込み（Interuption） 40, 72

他人の発表や話の途中で、自分の意見や話を言うこと。日本人以外では気にしない人が多い。

IMRAD 101

Introduction, Methods and Materials, Results, and Discussion の頭文字を取ったもので、論文や発表要旨の基本構造のこと。（→ フォーマット）

Listener-oriented 56

英語のように、聞き手が中心となること。会話で意味が伝わらないのは話し手の責任と考える。研究発表における基本姿勢。（→ Reader-oriented）

PubMed 3

アメリカ国立医学図書館の国立生物工学情報センター（NCBI）が運営している学術文献検索の無料サービス。英語の論文要旨では世界最大のデータベース。

http://www.ncbi.nlm.nih.gov/pubmed/

Reader-oriented 56

論文において、読み手が理解しやすく書くことあるいは書かれていること。意味が伝わらないのは書き手の責任と考える。論文執筆における基本姿勢。（→ Listener-oriented）

Speaker-oriented 56

日本語のように、話し手が中心となること。会話（文章）で意味が伝わらないのは聞き手の責任と考える。同様に、書き手が中心になることを Writer-oriented という。

What's new 10

今まで知られていなかったことの発見や疑問の解決のこと。研究における必須項目であり、セールスポイント。論文や研究発表に必ず含まれている。

補足：「あぶすと！」の作成に使用した雑誌一覧

下記の雑誌より論文の要旨を抽出しました。

American Journal of Physiology
Angewandte Chemie International Edition
Biochemical Journal
Biochemical and Biophysical Research Communications
Bioinformatics
Biophysical Journal
Bioscience, Biotechnology, and Biochemistry
Cell
Chemical Communications
Chemistry of Materials
Chemical Reviews
Circulation Research
Genes to Cells
IEEE Transactions on Biomedical Engineering
IEEE Transactions on Computational Biology and Bioinformatics
Journal of Biological Chemistry
Journal of Cell Biology
Journal of General Physiology
Journal of Immunology
Journal of Materials Chemistry A, B, C
Journal of Mathematical Biology
Journal of Physiology
Journal of Structural Biology
Journal of the American Chemical Society
Journal of Theoretical Biology
Molecular and Cellular Biology

Nature

Nature Chemistry

Nature Materials

Nitric Oxide

Nucleic Acids Research

Plant Cell

PLOS ONE

Proceedings of the National Academy of Sciences of the United States of America

Science

Scientific Reports

著者略歴

山中　司（やまなか　つかさ）

慶應義塾大学大学院政策・メディア研究科博士課程修了．立命館大学准教授などを経て，現在，立命館大学生命科学部生物工学科教授．博士（政策・メディア）．専門は言語哲学（プラグマティズム），言語論，英語教育．

西澤　幹雄（にしざわ　みきお）

東北大学大学院医学研究科博士課程修了．大阪バイオサイエンス研究所，ハンブルク大学，ジュネーブ大学，関西医科大学などを経て，現在，立命館大学生命科学部生命医科学科教授．医師．医学博士．専門は病態生化学．

山下　美朋（やました　みほ）

関西大学大学院外国語教育学研究科博士課程修了．近畿大学非常勤講師，立命館大学講師などを経て，現在，立命館大学生命科学部生命医科学科准教授．博士（外国語教育学）．専門は，英語教育，第二言語ライティング．

理系 国際学会のためのビギナーズガイド

2019年11月25日　第1版1刷発行

検印省略

定価はカバーに表示してあります．

著作者　山中　司　西澤　幹雄　山下　美朋

発行者　吉野　和浩

発行所　東京都千代田区四番町8-1
電話　03-3262-9166（代）
郵便番号　102-0081
株式会社　裳華房

印刷所　三報社印刷株式会社

製本所　牧製本印刷株式会社

一般社団法人
自然科学書協会会員

ISBN 978-4-7853-0010-4